8051 单片机的 C 语言应用程序设计与实践

刘昌华　易逵　编著

国防工业出版社

·北京·

内容简介

本书结合目前应用非常广泛的C语言及KeilC51编译器，全面介绍了最新版本Cx51编译器新增加的控制命令，给出了全部Cx51运行库函数及其应用范例，详细介绍了Keil Cx51软件包中的各种应用工具。uVision2已经将调试器功能集成于其中，用户可以在单一环境下完成从源程序编写、编译、连接定位一直到目标文件的仿真调试等全部工作，书中详细介绍了uVision2的各种功能和应用，包括软件模拟调试和硬件目标板实时在线仿真。

全书共分6章及2个附录，收集并整理了许多实用的采用Cx51单片机开发的程序，这些程序既可以开拓思路，提供参考，又是实际的开发程序，通过本书的学习可以进一步了解和掌握Cx51编程的思路和方法。

本书条理清晰、叙述简洁，可作为大专院校师生课程设计、毕业设计和全国大学生电子设计竞赛的参考教材，也可作为从事单片机项目开发与应用的工程技术人员的参考用书。

图书在版编目(CIP)数据

8051单片机的C语言应用程序设计与实践/刘昌华，易逵编著. —北京:国防工业出版社，2007.9

ISBN 978-7-118-05326-5

Ⅰ.8... Ⅱ.①刘...②易... Ⅲ.①单片微型计算机—程序设计②C语言—程序设计 Ⅳ.TP368.1 TP312

中国版本图书馆CIP数据核字(2007)第124948号

※

国防工业出版社出版发行

(北京市海淀区紫竹院南路23号 邮政编码100044)

天利华印刷装订有限公司印刷

新华书店经售

*

开本 787×1092 1/16 **印张** 10¾ **字数** 242千字

2007年9月第1版第1次印刷 **印数** 1—4000册 **定价** 25.00元(含光盘)

(本书如有印装错误，我社负责调换)

国防书店:(010)68428422 发行邮购:(010)68414474

发行传真:(010)68411535 发行业务:(010)68472764

前　言

单片机因其独特的优点而广泛应用于各行各业，越来越多的企业也把掌握单片机技术作为招聘技术人员的标准之一。8051 是 Intel 公司开发的一款相当成功的单片机，现已普遍应用于工业生产中，目前很多半导体公司制造出了与 8051 兼容的单片机，他们构成了所谓的 51 系列单片机。

目前介绍 51 单片机应用的书籍很多，但基本上是基于汇编语言的，与汇编语言相比，C 语言在功能、结构、可读性及可维护性上有明显的优势，易学易用，因此出现了专门用于 8051 系列的单片机编程 C 语言。采用 C 语言编程不必对单片机和硬件接口的结构有很深入的理解，编译器可以自动完成变量的存储单元的分配，设计者可以专注于应用软件的设计，大大加快系统的开发速度。

Keil 公司 C51 编译器 DOS 版本曾通过美国 Franklin 公司在市场上销售多年，最早传入我国并得到广泛使用的是 FranklinC51 V3.2 版本。随着时间的推移，Keil 公司的产品不断升级，V5.0 以上版本的 C51 编译器就配有基于 Windows 的 uVision 集成开发环境和 dScope 软件模拟调试程序，现在 Keil 公司的编译器有支持经典 8051 及其派生产品的版本，统称为 Cx51。新版本 uVision2 把 uVision1 用的模拟调试器 dScope 与集成开发环境无缝结合起来，界面友好，使用方便，支持的单片机品种多。

本书详细介绍了 Keil Cx51 V7.0C 语言编译器和全新 Windows 集成开发环境 uVision2 的强大功能和具体使用方法。全面介绍了最新版本 Cx51 编译器新增加的控制命令，给出了全部 Cx51 运行库函数及其应用范例，详细介绍了 Keil Cx51 软件包中的各种应用工具。

本书的特点是强调先进性和实用性，结合笔者项目开发的实际经验，给出了大量程序实例，由于篇幅有限，开发软件部分放入本书附送的光盘中。本书中的 C 语言是针对 8051 特有结构描述的，即使是无编程基础的人，也可通过本书学习单片机的 C 语言编程。

本书凝聚了作者多年教学及单片机应用系统开发的经验，也是湖北省教育厅教学研究项目“计算机学科教育中的分级实践教学模式研究(20050343)”的研究成果之一，其内容丰富，结构完整，概念清楚，通俗易懂，可读性、可操作性强。不仅可以作为大专院校师生、培训班师生和全国大学生电子设计竞赛的教材，也可作为从事单片机应用的技术人员的参考用书。

全书共分6章，第1章介绍了MCS51单片机的基本原理、内外部结构、工作方式及C语言程序设计概述；第2章介绍了uVision2(Keil C51 v6.xx的版本)集成开发环境的特点和使用方法、Keil C51交叉编译器、A51宏汇编器；第3章介绍了Cx51程序设计的基本语法、基本语句、函数、指针等；第4章介绍了C51语言程序设计的一些基本技巧，并对定时器、串并口编程举了几个实例；第5章介绍了单片机与PC之间通信的问题，并举了几个实例；第6章举了几个具体的应用实例。

本书由刘昌华、易逵编写，刘昌华负责统稿，由于编者水平有限，时间仓促，难免会有不足和错误，敬请各位专家批评指正。有关本书相关问题请通过网站"www.whpu.edu.cn"或电子邮件liuch@whpu.edu.cn与作者联系。

编 著 者

2007年5月于汉口常青花园

目　录

第1章 MCS-51单片机介绍

1.1 单片机概述

单片机又称单片微控制器,它不是完成某一个逻辑功能的芯片,而是把一个计算机系统集成到一个芯片上。概括地讲:一块芯片就成了一台计算机。它的体积小、质量轻、价格便宜,为学习、应用和开发提供了便利条件。

1.1.1 微型计算机与单片机

单片机是微型计算机的一个重要分支,也是一种非常活跃且颇具生命力的机种。为便于了解单片机的基本概念,应首先了解微型计算机的结构和原理。

1. 微型计算机的结构

微型计算机由微处理器(CPU)、一定容量的内部存储器(包括 ROM、RAM)、输入/输出接口电路组成,各功能部件之间通过总线有机地连接在一起,其基本结构如图1-1所示。

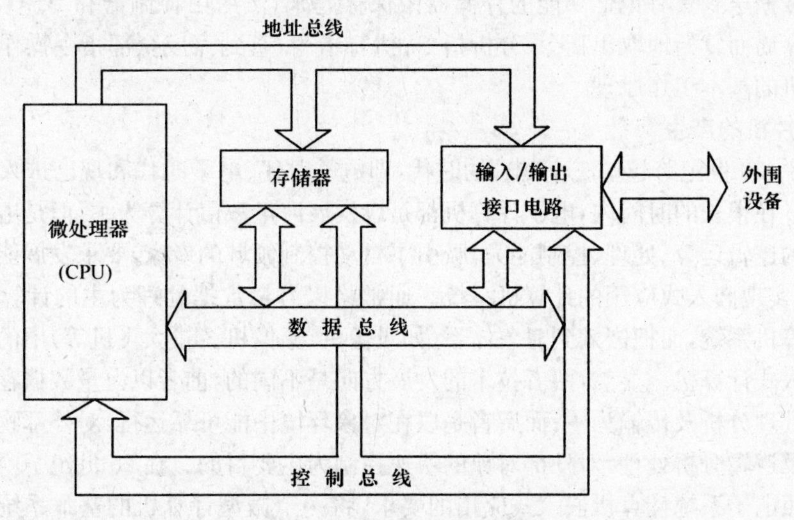

图1-1 微型计算机基本结构

微处理器具有算术运算、逻辑运算和控制操作的功能,是整个微型计算机的核心部件;内部存储器,按照读写方式的不同,分为 ROM 和 RAM 两种类型,其主要功能是存放程序和数据,程序是计算机操作的依据,数据是计算机操作的对象,不管是程序还是数据,在存储器中都用二进制的0或1表示(统称为信息),为实现自动计算,这些信息必须预先放在存储器中,存储器被划分为许多小单元(称为存储单元),每个存储单元相当于一个缓冲寄存器,向存储单元存放、取出信息称为访问存储器;输入/输出接口电路是外围设备与微型计算机之间的连接电路，在两者之间进行信息交换的过程中，起暂存、缓冲、类型变换及时序匹配的作用；总线是CPU与其他各功能部件之间进行信息传输的通道，按所传送信息的类型不同，总线可以分为数据总线（Data Bus，DB）、地址总线（Address Bus AB）和控制总线（Control Bus，CB）三种类型，其中数据总线是负责传输数据的信号线，地址总线是负责传输数据的存储位置或输入/输出接口中寄存器单元地址的信号线，控制总线是在传输与交换数据时起管理控制作用的一组信号线。

2. 微型计算机的工作原理

微处理器、存储器、输入/输出接口电路、外围设备构成计算机的硬件，仅有这些硬件还只是具有了计算的可能，计算机真正进行计算还必须有多种程序的配合。程序是实现既定任务的指令序列，指令是对计算机发出的一条条工作命令，其中的每条指令都规定计算机执行的一种基本操作，计算机按程序安排的顺序执行指令，就可以完成既定任务。

指令必须满足两个条件，一是指令的形式是计算机能够理解的，即采用与数据一样的二进制数字编码形式；二是指令规定的操作必须是计算机能够执行的，即每条指令的操作均有相应的电子线路实现。各种类型的计算机指令都有自己的格式和具体的含义，但必须指明操作性质（如加、减、乘、除等）和参加操作的有关信息（如数据或数据存放的地址等）。指令的不同组合可以构成完成不同任务的程序，一台机器的指令种类是有限的，但通过设计，实现信息处理任务的程序可以无限多，计算机严格忠实地按照程序安排的指令顺序，有条不紊地执行规定的操作，完成预定任务。为实现自动连续地执行程序，必须先把程序和数据送到具有记忆功能的存储器中保存起来，然后由控制器和ALU依程序中指令的顺序周而复始地取出指令、分析指令、执行指令，直到完成全部指令操作为止。这就是计算机的基本工作原理。

3. 单片机的产生

可以说，20世纪跨越了三个“电”的时代，即电气时代、电子时代和现已进入的电子计算机时代。在很长的时间内，电子计算机都是以发展海量数值计算为主，但是电子计算机表现出来的逻辑运算、处理、控制能力，吸引了自动控制领域的专家，要求发展能满足控制对象要求，实现嵌入式应用的计算机系统。通常将以海量数据处理为主的计算机系统称为通用计算机系统，而把嵌入到对象体系（如录像机、摄像机、雷达、飞机等）中的计算机系统称为嵌入式计算机。显然，两者技术的发展方向是不同的，前者以海量数据存储、吞吐，高速数据处理分析及传输为主；而后者是以在对象环境中能可靠运行，对外部物理参数能高速采集及逻辑分析处理，对外部对象的快速控制为主要目的。在20世纪70年代，科学家完全按照电子系统计算机嵌入式应用的要求，将一个微型计算机的基本系统——微处理器（CPU）、存储器（RAM、ROM、EPROM）、输入/输出接口电路（定时器、计数器、并行I/O端口、A/D等）集成在一片集成电路中，即产生了最早的单片机（Single Chip Microcomputer）。

单片机由单块集成电路芯片构成，内部包含有计算机的基本功能部件。因此，单片机只需要有适当的软件和外部设备，便可组成为一个单片机控制系统。特别适用于控制领域，故又称为微控制器（Micro Controller Unit，MCU）。单片机完全是按照嵌入式系统要求设计的，因此单片机是最典型的嵌入式系统，这种计算机的最小系统只用了一片集成电路，即可进行简单运算和控制。它体积小，通常都藏在被控机械的“肚子”里。它在整个装置中起着有如人类头脑的作用，它出了毛病，整个装置就瘫痪了。

因此，单片机是依工业控制系统数字化、智能化的迫切要求而提出的。超大规模集成电路的出现，通用 CPU 及其外围电路技术的成熟发展，为单片机的诞生和发展提供了可能。

现在，这种单片机的使用领域已十分广泛，从家用电器、智能仪表、实时工控到通信设备、火箭导航系统等高科技领域，单片机都发挥着十分重要的作用。

1.1.2　单片机的历史与发展趋势

1. 单片机的发展历史

从 1976 年 8 位单片微机诞生到现在，30 年以来，已发展有 16 位单片微机、32 位单片微机，但至今一直以 8 位单片微机为主流机型，这是由单片机的嵌入式应用的特殊需求所决定的。如果以 Intel 公司的 8 位单片微机为主线来介绍单片微机的发展历史的话，其发展历史分为以下 4 个阶段：

1)第一阶段：单片机启蒙阶段

单片机启蒙阶段开始于 20 世纪 70 年代后期，主要是探索计算机单芯片集成的方法，1975 年美国 TI 公司发布了 TMS-1000 型的 4 位单片机，这是世界上第一台完全单片化的微机。1976 年 9 月 Intel 公司推出了 MCS-48 系列单片机，这是世界上第一台完整的 8 位单片机。

该阶段的单片机芯片，使用 NMOS 工艺(速度低、功耗大、集成度低)，并存在以下两种单片机的集成体系结构，即通用 CPU 模式和专用 CPU 模式。

(1) 通用 CPU 模式。采用通用 CPU 和通用外围单元电路的集成模式，其典型芯片为 Motorola 公司的 MC6801，它将通用 CPU、增强型的 6800 和 6875(时钟)、6810(RAM)、2X6830(ROM)、1/26821(并行 I/O)、1/36840(定时器/计时器)、6850(串行 I/O)集成在一片芯片上，使用 6800CPU 的指令系统。

(2) 专用 CPU 模式。采用专门为嵌入式系统要求设计的 CPU 与外围电路集成的模式，其典型芯片为 Intel 公司的 MCS-48，其 CPU、存储器、定时器/计数器、中断系统、I/O 端口、时钟以及指令系统都是按嵌入式系统应用要求而设计的。

通用 CPU 模式与通用 CPU 构成的通用计算机兼容，应用系统开发方便，成为后来嵌入式微处理器的发展模式；专用 CPU 模式能满足嵌入式应用的要求，成为现代单片机发展的主要体系结构模式。

2) 第二阶段：单片机完善阶段

20 世纪 80 年代初，Intel 公司推出 MCS-51 系列单片机，MCS-51 是完全按照嵌入式应用而设计的单片机，其体系结构具有以下特点：

(1) 面向对象、突出控制功能、满足嵌入式应用的专用 CPU 及 CPU 外围电路体系结构。

(2) 寻址范围规范为 16 位和 8 位的寻址空间。

(3) 规范的总线结构，有 8 位数据总线、16 位地址总线及多功能的异步串行接口通用异步收发器 URAT(移位寄存器方式、串行通信方式及多机通信方式)。

(4) 独特功能寄存器的集中管理模式。

(5) 设置位地址空间，提供位寻址及位操作功能。

(6) 指令系统突出控制功能(如位操作指令、I/O 管理指令和转移指令)。

以上特点奠定了 MCS-51 在单片机领域的地位，形成了事实上的单片机标准结构。时至今日，世界上许多知名的半导体厂家(如 Intel 公司、AMD 公司、ATMEL 公司、WINBOND 公司、Philips 公司、ISSI 公司、LG 公司、NEC 公司、SIEMENS 公司等)都生产兼容的 MCS-51 芯片，并以 MCS-51 中的 8051 为核，发展出许多新型的 80C51 单片机结构，这样就保证了 MCS-51 单片机的先进性，这也是本书选择 MCS-51 作为教学机型的理由。

3) 第三阶段：MCU 形成阶段

MCU 形成阶段为高性能单片机阶段。在实际面对测控对象的操作中，不仅要求有完善的计算机体系结构，还要有许多面对测控对象的接口电路和外围电路，如 A/D 变换、D/A 变换、高速 I/O 口、计数器的捕捉与比较、程序监视定时器(WDT)，保证高速数据传输的直接存储器访问(DMA)等。因此为满足测控系统的嵌入式应用要求，该阶段单片机技术发展方向是增强外围电路，MCU 一词就诞生在这一阶段，成为国际上对单片机的标准称谓。

该阶段单片机代表系列为 80C51，其技术发展的主要特征有：

(1) 在技术上，由可扩展总线型向纯单片型发展，即只能工作在单片方式。

(2) 为满足串行外围电路的扩展要求，MCU 的扩展方式从并行总线型发展出各种串行总线，如 SPI、I^2C、BUS、Microwire、1-Wire 等。

(3) 将多个 CPU 集成到一个 MCU 中。

(4) 在降低功耗、提高可靠性方面，MCU 工作电压已降至 3.3V。

(5) 出现了满足分布式系统、突出控制功能的现场总线接口 CAN 总线。

4) 第四阶段：MCU 发展阶段

单片机 Flash ROM 的使用，为最终取消外部程序存储器奠定了基础，使 MCU 技术进入了第四代。嵌入式系统普遍采用 Flash ROM 技术，Flash ROM 的使用加速了单片机技术的发展。基于 Flash ROM 的 ISP/IAP 技术，极大地改变了单片机应用系统的结构模式以及开发和运行条件；而在单片机中最早实现 Flash ROM 技术的是 ATMEL 公司的 AT89Cxx 系列。MCS-51 典型的体系结构以及极好的兼容性，对于 MCU 不断扩展的外围来说，形成了一个良好的嵌入式处理器内核的结构模式。

当前嵌入式系统应用进入片上系统(System On Chip，SoC)模式，从各个角度，以不同方式向 SoC 进军，形成了嵌入式系统应用热潮。在这个技术潮流中，8051 又扮演了嵌入式系统内核的重要角色。在 MCU 向 SoC 过渡的数、模混合集成的过程中，ADI 公司推出了 AD u C8xx 系列，而 Cygnal 公司则实现了向 SoC 的 C8051F 过渡；在 PLD 向 SoC 发展过程中，Triscend 公司在可配置系统芯片 CSoC 的 E5 系列中便以 8052 作为处理器内核。

20 世纪 80 年代以来，单片机的发展非常迅速，其产品已占整个微机产品的 80%以上，其中 8 位单片机的产量又占整个单片机产量 60%以上，因此，8 位单片机在工业检测和控制应用等方面将继续占有一定的地位。

2. MCS-51 单片机的分类

MCS-51 单片机是国内最早引进的单片机系列，具有种类多、应用广、可替换性强等特点，Intel 公司于 1980 年推出的 MCS-51 奠定了嵌入式应用单片微型计算机的经典复杂指令集 CISC(Complex Instruction Set Computer)体系结构，其种类很多，如果按存储器配置状态，可划分为：片内 ROM 型，如 80(C)5x；片内 EPROM 型，如 87(C)5x；片内 Flash EPROM 型，如 89(C)5x；片内无 EPROM 型，如 87(C)3x。根据其功能特点可将其划分为以下几种类型。

1) 基本型

基本型包括 8031、8051、8031AH、8751、89C51 和 89S51 等，后期的基本型产品均采用 HMOS 制造工艺。

基本型典型代表产品是 8051，其基本特点有：具有适用于控制的 8 位 CPU 和指令系统；128B(1B 即 1 字节)的片内 RAM；21 个特殊功能寄存器；32 线并行 I/O 接口；2 个 16 位定时/计数器；一个全双工串行接口；5 个中断源、2 个中断优先级的中断结构；4KB 片内 ROM；一个片内时钟振荡器和时钟电路；片外可扩展 64KB ROM 和 64KB RAM。因此，基本型单片机本身就是一个功能强大的 8 位微型处理器，其指令系统和硬件结构形成了 MCS-51 类型单片机核心，由此而派生的基于 MCS-51 的其他各类单片机的指令系统和硬件结构都是一样，不一样的只是功能单元的多少，部件所采用的器件形式。

2) 增强型

增强型有 8052、8032、8752 和 89S52 等，此类型单片机内的 ROM 和 RAM 容量比基本型的增大一倍，同时把 16 位定时/计数器增为 3 个。87C54 内部 ROM 为 16KB，87C58 增加到 32KB，89C55 内部 ROM 为 20KB。

3) 低功耗型

低功耗型有 80C5x、80C3x、87C5 和 89C5x 等。此类型号单片机中采用 CHMOS(互补高密度金属氧化物半导体)工艺，其特点是功耗低。

4) 高级语言型

8052AH-BASIC 芯片内固化有 MCS BASIC52 解释程序，其 BASIC 语言可与汇编混用。

5) A/D 型

此类单片机增加了下述功能：带有 8 路 8 位 A/D 转换器及半双工同步串行接口；拥有 16 位监视定时器；扩展了 A/D 中断和串行接口中断，使中断源达到 7 个；可进行振荡器失效检测。该类产品有 83C51GA、80C51GA、87C51GA 等。

6) DMA 型

一类是 DMA、GSC 型，如 83C152JA、80C152JB 等，此类单片机由新的特殊功能寄存器支持，具有 DMA 目的地址、DMA 源地址、DMA 字节计数等 58 个特殊功能寄存器。它们除了具有局部串行通道 LSC 外，还有一个全局串行通道 GSC(多规程、高性能的串行接口)。另一类是 DMA、FIFO 型，如 83C452、80C452、87C452P 等，此类单片机新增加的功能是：128B 的双向 FIFO(先进先出)RAM 阵列，采用环形指针管理读和写；有两个相同的 DMA 通道，允许从一个可写入的存储器到另一个写入的存储器的高速数据传输，特殊功能寄存器增至 34 个；增加了先进先出人机接口、DMA0 和 DMA1 三个中断源。

7) 多并行接口型

此类单片机如83C451C、80C451是在80C51基础上,增加了与P1相同的两个8位准双向接口P4和P5;还增加了一个特殊的内部具有上拉电阻的8位双向接口P6,它既可以作为标准的输入输出接口,也可以进行选通方式操作。

8) 在系统可编程(ISP)型

ATMEL公司所生产AT89系列单片机(如AT89S51、AT89S52)是与8051兼容、且内部含有Flash存储器的单片机,它是一种源于8051而又优于8051的系列,是目前主流的MCS-51单片机系列。其S系列产品的最大特点就是具有在系统可编程功能,用户只要连接好下载电路,就可以在不拔下51芯片的情况下,直接在系统中进行编程,但编程期间系统不能运行程序。

9) 在现场可编程(IAP)型

在现场可编程(IAP)比在系统可编程(ISP)又更进一步。IAP型单片机允许应用程序在运行时通过自己的程序代码对自己进行编程,一般是达到更新程序的目的,通常在系统芯片中采用多个可编程的程序存储区来实现这一功能。

Flash存储器的使用加速了单片机技术的发展,基于Flash存储器的ISP/IAP技术,极大地改变了单片机应用系统的结构模式以及开发和运行条件,是8051单片机技术发展的一次重大飞跃。

10) 内核化SoC型

Cygnal公司推出C8051F系列,把80C51系列推上了一个崭新高度,将单片机从MCU时代带入了SoC时代。C8051F系列单片机是集成的数、模混合信号SoC系统,具有与MCS-51内核及指令集完全兼容的微控制器。C8051F系列单片机采用具有专利的CIP-51内核,其指令系统与MCS-51完全兼容,使得MCS-51单片机焕发了新的活力,运行速度高达25MIPS(兆[条]指令/s),除具有标准8051的数字外设部件外,片内还集成了数据采集和控制系统中常用的模拟部件和其他数字外设及功能部件。

与MCS-51相比较,80C51已有很大发展。然而,当前Cygnal公司发展的C8051F系列,在许多方面已超出当前8位单片机水平,并具有以下新的技术特点:

(1) 采用CIP-51内核大力提升CISC结构运行速度。Cygnal公司在提升8051速度上采取了新的途径,即设法在保持CISC结构及指令系统不变的情况下,对指令运行实行流水作业,推出了CIP-51的CPU模式。在这种模式中,废除了机器周期的概念,指令以时钟周期为运行单位。平均每个时钟可以执行完一条单周期指令,从而大大提高了指令运行速度。即与8051相比,在相同时钟下单周期指令运行速度为原来的12倍;整个指令集平均运行速度为原来8051的9.5倍,使8051兼容机系列进入了8位高速单片机行列。

(2) I/O端口从固定方式到交叉开关配置。迄今为止,I/O端口大都是固定为某个特殊功能的输入/输出口,可以是单功能或多功能。I/O端口可编程选择为单向/双向以及上拉、开漏等。固定方式的I/O端口,既占用引脚多,配置又不够灵活。为此,Scenix公司在推出的8位SX单片机系列中,采取虚拟外设的方法将I/O端口的固定方式转变为软件设定方式。而在Cygnal公司的C8051F中,则采用开关网络以硬件方式实现I/O端口的灵活配置。在这种通过交叉开关配置的I/O端口系统中,单片机外部为通用I/O端口,如P0口、P1口和P2口。内有输入/输出的电路单元通过相应的配置寄存器控制的交叉开关配置到所选择的端口上。

(3) 从系统时钟到时钟系统。早期单片机都是用一个时钟控制片内所有时序。进入CMOS时代后，由于低功耗设计的要求，出现了在一个主时钟下CPU运行速度可选择在不同的时钟频率下操作；或设置成高、低两个主时钟，按系统操作要求选择合适的时钟速度，或关闭时钟。而Cygnal公司的C8051F则提供了一个完整而先进的时钟系统，在这个系统中，片内设置有一个可编程的时钟振荡器（无需外部器件），可提供2MHz、4MHz、8MHz和16MHz时钟的编程设定。外部振荡器可选择4种方式。当程序运行时，可实现内外时钟的动态切换。编程选择的时钟输出CYSCLK除供片内使用外，还可从随意选择的I/O端口输出。

(4) 从传统的仿真调试到基于JTAG接口的在系统调试。C8051F在8位单片机中率先配置了标准的JTAG接口（IEEE1149.1）。引入JTAG接口将使8位单片机传统的仿真调试产生彻底的变革。在上位机软件支持下，通过串行的JTAG接口直接对产品系统进行仿真调试。C8051F的JTAG接口不仅支持Flash ROM的读/写操作及非侵入式在系统调试，它的JTAG逻辑还为在系统测试提供边界扫描功能。通过边界寄存器的编程控制，可对所有器件引脚、SFR总线和I/O端口弱上拉功能实现观察和控制。

(5) 从引脚复位到多源复位。在非CMOS单片机中，通常只提供引脚复位的一种方法。迄今为止的80C51系列单片机仍然停留在这一水平上。为了系统的安全和CMOS单片机的功耗管理，对系统的复位功能提出了越来越高的要求。Cygnal公司的C8051F把80C51单一的外部复位发展成多源复位。C8051的多复位源提供了上电复位、掉电复位、外部引脚复位、软件复位、时钟检测复位、比较器0复位、WDT复位和引脚配置复位。众多的复位源为保障系统的安全、操作的灵活性以及零功耗系统设计带来极大的好处。

(6) 最小功耗系统的最佳支持。在CMOS系统中，按照CMOS电路的特点，其系统功耗WS为

$$WS=CV2f$$

式中：C为负载电容；V为电源电压；f为时钟频率。

C8051F是8位机中首先摆脱5V供电的单片机，实现了片内模拟与数字电路的3V供电（电压范围2.7V～3.6V），大大降低了系统功耗；完善的时钟系统可以保证系统在满足响应速度要求下，使系统的平均时钟频率最低；众多的复位源使系统在掉电方式下，可随意唤醒，从而可灵活地实现零功耗系统设计。因此，C8051F具有极佳的最小功耗系统设计环境。C8051F虽然摆脱了5V供电，但仍可与5V电路方便地连接。所有I/O端口可以接收5V逻辑电平的输入，在选择开漏加上拉电阻到5V后，也可驱动5V的逻辑器件。

MCS-51从单片微型计算机（SCMC）到微控制器（MCU）再到片上系统（SoC）内核，显示了嵌入式系统硬件体系典型的变化过程。在嵌入式系统SoC的最终体系中，MCS-51以8051处理器内核的形式延续下去。这对于国内外从事MCS-51教学和科研的广大人士来说，无论是过去、现在和未来，都能感受它带来的好处。

3. 单片机的发展趋势

可以说现在单片机是百花齐放、百家争鸣的时期，世界上各大芯片制造公司都推出了自己的单片机，从8位、16位到32位，数不胜数，应有尽有，有与主流C51系列兼容的，也

有不兼容的，但它们各具特色，互成互补，为单片机的应用提供广阔的天地。纵观单片机的发展过程，可以预示单片机的发展趋势，大致有：

(1) 低功耗CMOS化。MCS-51系列的8031推出时的功耗达630mW，而现在的单片机普遍都在100mW左右，随着对单片机功耗要求越来越低，现在的各个单片机制造商基本都采用了CMOS(互补金属氧化物半导体)工艺。像80C51就采用了HMOS(高密度金属氧化物半导体)工艺和CHMOS(互补高密度金属氧化物半导体)工艺。CMOS虽然功耗较低，但由于其物理特征决定其工作速度不够高，而CHMOS则具备了高速和低功耗的特点，这些特征更适合于在要求低功耗(如电池)供电的应用场合。所以这种工艺将是今后一段时期单片机发展的主要途径。

(2) 微型单片化。现在常规的单片机普遍都是将中央处理器(CPU)、随机存取数据存储器(RAM)、只读程序存储器(ROM)、并行和串行通信接口、中断系统、定时电路、时钟电路集成在一块单一的芯片上，增强型的单片机集成了A/D转换器、PMW(脉宽调制电路)、WDT(看门狗)等，有些单片机将LCD(液晶)驱动电路都集成在单一的芯片上，这样单片机包含的单元电路就更多，功能就越强大。单片机厂商甚至可以根据用户的要求量身定做，制造出具有自己特色的单片机芯片。

此外，现在的产品普遍要求体积小、质量轻，这就要求单片机除了功能强和功耗低外，还要求其体积要小。现在的许多单片机都具有多种封装形式，其中SMD(表面封装)越来越受欢迎，使得由单片机构成的系统正朝微型化方向发展。

(3) 主流与多品种共存。现在虽然单片机的品种繁多，各具特色，但仍以80C51为核心的单片机占主流，兼容其结构和指令系统的有PHILIPS公司的产品，ATMEL公司的产品和中国台湾的WINBOND系列单片机。所以C8051为核心的单片机占据了半壁江山。而Microchip公司的PIC精简指令集(RISC)也有着强劲的发展势头，中国台湾的HOLTEK公司近年的单片机产量与日俱增，以其低价质优的优势，占据一定的市场份额。此外还有MOTOROLA公司的产品，日本几大公司的专用单片机。在一定的时期内，这种情形将得以延续，将不存在某个单片机一统天下的垄断局面，走的是依存互补、相辅相成、共同发展的道路。

探索单片机的发展道路有过两种模式，即“Σ模式”与“创新模式”。“Σ模式”本质上是通用计算机直接芯片化的模式。它将通用计算机系统中的基本单元进行裁剪后，集成在一个芯片上，构成单片微型计算机。“创新模式”则完全按嵌入式应用要求设计全新的、满足嵌入式应用要求的体系结构、微处理器、指令系统、总线方式及管理模式等。Intel公司的MCS-48和MCS-51就是按照创新模式发展起来的单片形态的嵌入式系统(单片微型计算机)。MCS-51是在MCS-48的基础上经过了全面完善的嵌入式系统。历史证明，“创新模式”是嵌入式系统独立发展的正确道路，MCS-51的体系结构也因此成为单片嵌入式系统的典型结构体系。

单片机从出现至今已经有30多年的历史了，嵌入式技术也历经了几个发展阶段。进入20世纪90年代后，以计算机和软件为核心的数字化技术取得了迅猛发展，不仅广泛渗透到社会经济、军事、交通、通信等相关行业，而且也深入到家电、娱乐、艺术、社会文化等各个领域，并掀起了一场数字化技术革命。多媒体技术与Internet的应用迅速普及，消费类电子产品(Consumptive Electron)、计算机(Computer)、通信(Communication)，即3C

一体化趋势日趋明显，单片机技术再度成为一个研究热点。单片机在目前的发展形势下，表现出以下几大趋势：

① 可靠性及应用水平越来越高，和互联网连接已是一种明显的趋势。

② 所集成的部件越来越多；NS（美国国家半导体）公司的单片机已把语音、图像部件也集成到单片机中，也就是说，单片机的意义只是在于单片集成电路，而不在于其功能了；从功能上讲它可以说是万用机，原因是其内部已集成了各种应用电路。

③ 功耗越来越低。

④ 和模拟电路的结合越来越多。

随着半导体工艺技术的发展及系统设计水平的提高，单片机还会不断产生新的变化和进步，最终人们可能发现：单片机与微机系统之间的距离越来越小，甚至难以区分。

1.2 单片机的内部、外部结构

MCS-51 是 Intel 公司生产的 8 位高档单片机系列，也是我国目的应用最广泛的一种单片机系列。该系列单片机适合实时控制、智能仪器仪表、自动机床、位总线实时分布式控制等领域，是测控应用领域应用最广泛的 8 位微型计算机。

1.2.1 8051 单片机内部结构

8051 是经典的单片机系列，具有典型的单片机结构体系，其基本结构如图 1-2 所示。它由 CPU、随机存储器（RAM）、程序存储器（ROM）、并行 I/O 接口、串行 I/O 接口、定时器/计数器、中断系统及特殊功能寄存器（SFR）等组成，各组成部分通过内部单一总线相连。

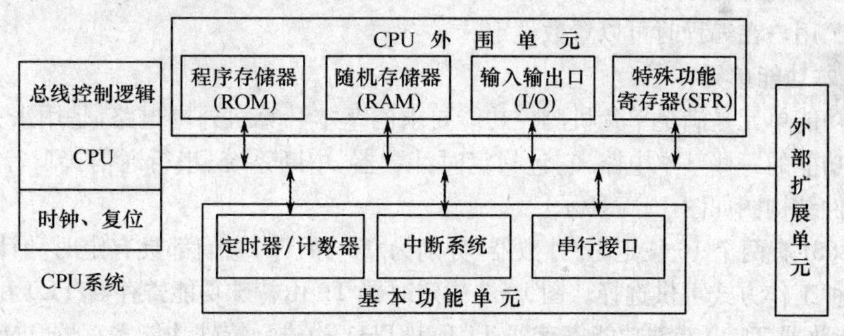

图 1-2 单片机内部结构框图

1. CPU 系统

CPU 系统是 8051 单片机的核心部分，它包括 CPU、时钟系统和总线控制逻辑。

(1) 8051 的 CPU 是专门面向测控对象、嵌入式应用特点而设计的，有突出控制功能的指令系统。

(2) 时钟系统主要满足 CPU 及片内各单元电路对时钟的要求，对 8051 单片机还要满足功耗管理对时钟系统电路的可控要求。

(3) 总线控制逻辑主要用于管理外部并行总线的时序以及系统复位控制，复位控制引脚为 RST，高电平有效，用于系统的复位；外部总线控制引脚为 ALE、EA、PSEN，ALE

用于数据总线复用管理，EA 用于外部与内部程序存储器选择，PSEN 用于外部程序存储器的取指令控制。

2. CPU 外围单元

CPU 外围单元是与 CPU 直接相关的单元电路，与 CPU 构成单片机的最小系统。它包括程序存储器(ROM)、随机存储器(RAM)、输入/输出(I/O)、特殊功能寄存器(SFR)。

(1) 8051 的程序存储器用来存放编制好的始终保留的固定程序和表格、常数。程序存储器以程序计数器(PC)作为地址指针，通过 16 位地址总线，可寻址 64KB 的地址空间。8051 单片机中 64KB 程序存储器的地址空间是统一编排的。对于内部 ROM 单片机，在正常运行时，应把$\overline{\text{EA}}$引脚接高电平，使程序从内部 ROM 开始执行。当 PC 值超出内部 ROM 容量时，会自动转向外部程序存储器地址为 1000H 后的地址空间执行；若把$\overline{\text{EA}}$引脚接低电平，可用于调试程序，即把要调试的程序放在与内部 ROM 空间重叠的外部程序存储器内，以便调试和修改。

(2) 8051 的 RAM 只有 128B，寻址范围为 00H～7FH，它包括通用寄存器区、位寻址区、用户 RAM 区。80H～FFH 为特殊功能寄存器区。

(3) 8051 有 4 个 8 位并行 I/O 端口，分别为 P0、P1、P2、P3 口。在无片外 RAM 时，这 4 个 I/O 端口可以并行输入或输出 8 位数据，也可以按位使用，即每一个输入输出都能独立地用做输入或输出。在有片外 RAM 时，P2 口作为地址总线的高 8 位，P0 口分时作为地址总线的低 8 位和双向数据总线。P0、P1、P2 口都可作为普通的准双向 I/O 端口，从外部读入信号或是向外部输出信号，驱动外部电路工作。复位时这些端口都为高电平。作为输入时，一般先要向端口锁存器写 1，然后读入外部信号。

(4) 21B 的特殊功能寄存器(SFR)位于 80H～FFH 中，起着专用寄存器的作用，是单片机的重要控制、指挥单元，CPU 对所有片内功能单元的操作、控制都是通过对 SFR 访问实现的。用户在编程时可以置数设定。

3. 基本功能单元

基本功能单元是满足单片机测控功能要求的基本计算机外围电路，是用来完善和扩大计算机功能的一些基本电路，它包括定时计数器、中断系统、串行通信接口等，8051 单片机的硬件结构图如图 1-3 所示。

(1) 8051 有两个 16 位定时/计数器，分别为 T0 和 T1，它们都具有定时和计数功能，并且有 4 种工作方式可供选择。图 1-3 中定时器 T0 由特殊功能寄存器 TL0 和 TH0 构成，定时计数器 T1 由特殊功能寄存器 TL1 和 TH1 构成。特殊功能寄存器 TMOD 控制定时寄存器的工作方式，TCON 特殊功能寄存器(Timer Controller)用来控制定时器的工作起停和溢出标志位。

(2) 8051 的中断系统有 5 个中断源、2 个中断优先级、2 级中断嵌套。每一个中断源可编程为高优先级中断或低优先级中断，与中断系统相关的特殊功能寄存器有中断优先级 IP、中断允许控制寄存器 IE 及中断源寄存器 TCON、SCON 相关位。

(3) 8051 的串行通信接口是一个带有移位寄存器工作方式的通用异步收发器 UART，因此，其串行接口 UART 不仅用作串行通信，还可以用于移位寄存器方式的串行外围扩展。在图 3-1 中，串行口缓冲寄存器 SBUF 是可直接寻址的专用寄存器，它对应着两个寄存器：一个发送寄存器，一个接收寄存器。串口控制寄存器 SCON 用于控制和

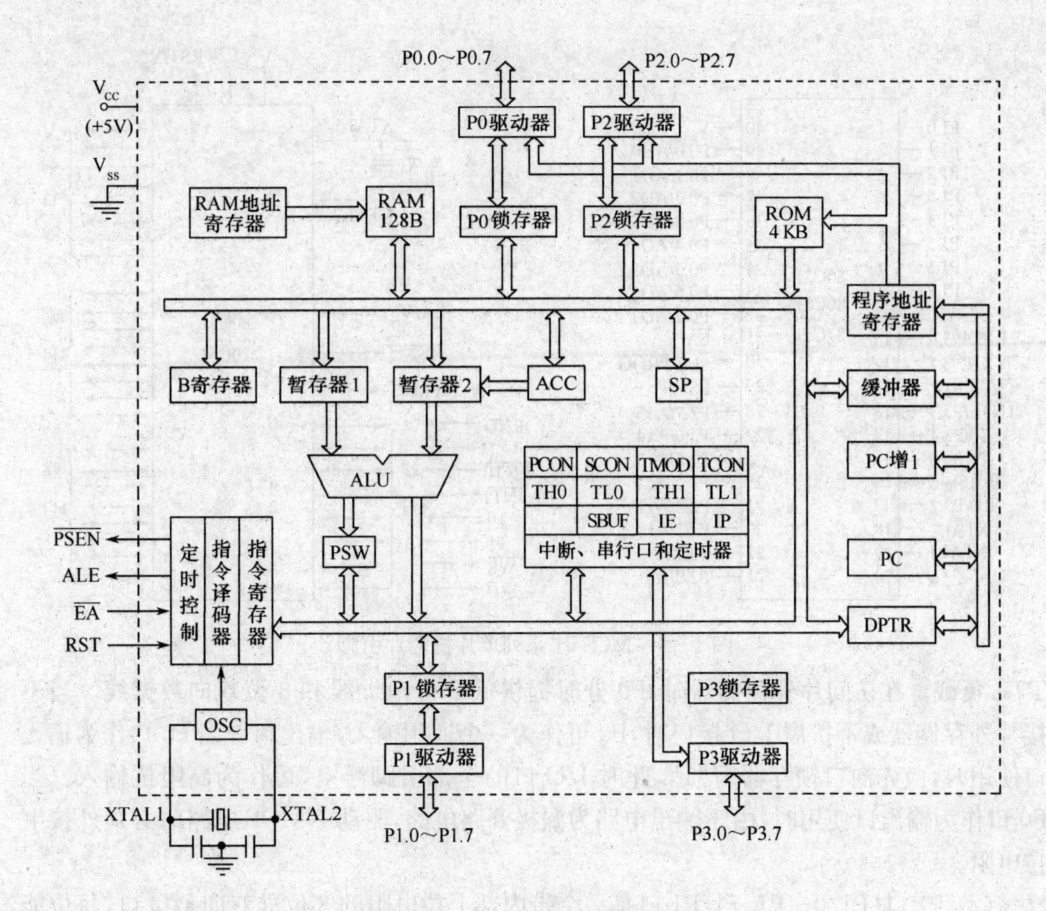

图 1-3　单片机内部结构原理图

监视串行口的工作状态。

1.2.2　8051单片机的外部引脚

MCS-51系列单片机芯片引脚均为40个，各类单片机是相互兼容的，只是引脚功能稍有不同而已。属于HMOS工艺制造的，芯片采用双列直插式(DIP)封装；属于CHMOS工艺制造的，芯片采用方形封装。图1-4是HMOS型MCS-51系列单片机芯片引脚图，这些引脚分为三类，分别是电源线、端口线和控制线。

1. 电源线

V_{cc}为正5V电源端，V_{ss}为电接地端。

2. 时钟电路引脚XTAL1和XTAL2

XTAL1：接外部石英晶体和微调电容的一端。在片内它是振荡器的反相放大器的输入端，若使用外部时钟时，对于HMOS单片机，该引脚必须接地；对于CHMOS单片机，该引脚作为驱动端。

XTAL2：接外部石英晶体和微调电容的另一端。在片内它是振荡器的反相放大器的输出端，振荡电路的频率是晶体振荡频率。若使用外部时钟时，对于HMOS单片机，该引脚输入外部时钟脉冲；对于CHMOS单片机，此引脚应悬浮。

3. 8位端口线P0，P1，P2，P3

(1) P0口(P0.0～P0.7)：P0口是一个漏极开路的8位双向I/O口，每位能驱动8个

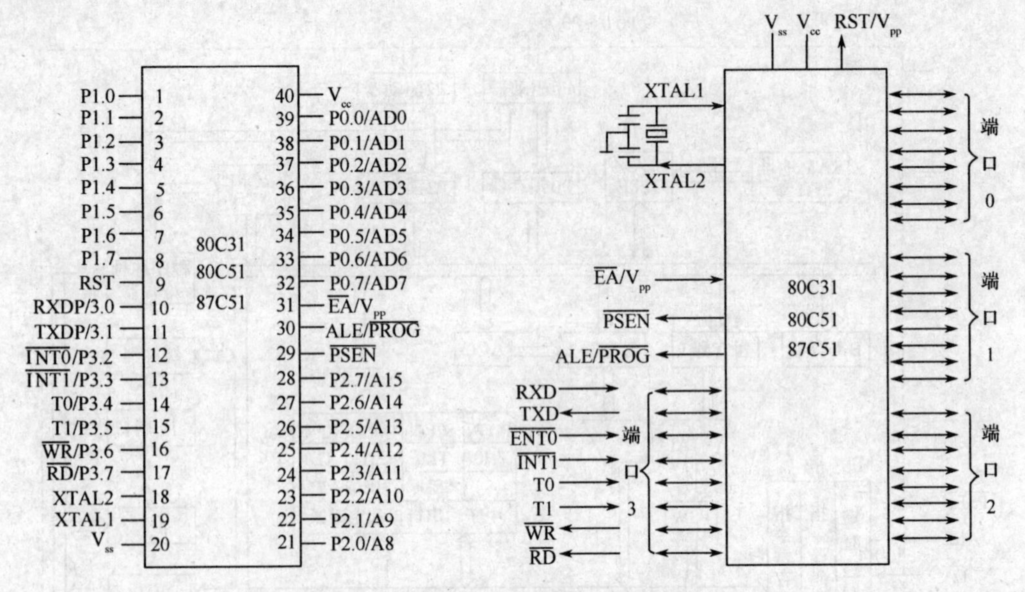

图 1-4　MCS-51 系列单片机芯片引脚

TTL 负载。在访问片外存储器时，P0 分时提供低 8 位地址线和 8 位双向数据线。当不接片外存储器或不扩展 I/O 接口时，P0 可作为一个通用输入/输出口。当 P0 口作为输入口使用时，应先向口锁存器写“1”，此时 I/O 口的全部引脚浮空，可作为高阻抗输入。当 P0 口作为输出口使用时，由于输出电路为漏极开路电路，驱动 NMOS 电路时必须外接上拉电阻。

(2) P1 口(P1.0～P1.7)：P1 口是一个带内部上拉电阻的 8 位准双向 I/O 口，每位能驱动 4 个 LS 型 TTL 负载。P1 口只能作通用输入/输出口用，当 P1 口作为输入口使用时，应允许 P1 口锁存器写“1”，此时 P1 口引脚由内部上拉电阻拉成高电平；当 P1 口作为输出口使用时，能向外提供推拉电流负载，无须再外接上拉电阻。

(3) P2 口(P2.0～P2.7)：P2 口也是一个带内部上拉电阻的 8 位准双向通用 I/O 口，每位也能驱动 4 个 LS 型 TTL 负载。在访问片外存储器时，它输出高 8 位地址。

(4) P3 口(P3.0～P3.7)：P3 口为双功能复用口，除了作为一般的准双向通用 I/O 口使用外，每个引脚还有特殊功能(详见表 1-1)。

表 1-1　P3 口第二功能表

P3 口	信号名称	第二功能	P3 口	信号名称	第二功能
P3.0	RXD	串行数据接收	P3.4	T0	定时器/计数器 0 外部输入
P3.1	TXD	串行数据发送	P3.5	T1	定时器/计数器 1 外部输入
P3.2	/INT0	外部中断 0 请求输入	P3.6	/WR	外部 RAM 写选通信号
P3.3	/INT1	外部中断 1 请求输入	P3.7	/RD	外部 RAM 读选通信号

4. 控制信号引脚 ALE、$\overline{\text{PSEN}}$、$\overline{\text{EA}}$和 RST

(1) ALE/$\overline{\text{PROG}}$：地址锁存允许信号输入端。在存取片外存储器时，用于锁存低 8 位地址。当单片机上电正常工作后，ALE 端就周期性地以时钟振荡频率的 1/6 的固定频率向外输出正脉冲信号，该信号可以用于识别单片机是否工作，也可以当做一个时钟向外输出。该复用引脚的第二功能$\overline{PROG}$是 87C51BH 编程时的编码脉冲输入端，此引脚传送 52ms 宽的负脉冲选通信号。

(2) $\overline{PSEN}$：程序存储允许输出端。是片外程序存储器的选通信号，低电平有效。CPU 从外部程序存储器取指令时，PSEN 在每个机器周期中两次有效。但在访问片外数据存储器时，至少产生两次$\overline{PEEN}$负脉冲信号。

(3) $\overline{EA}/V_{pp}$：程序存储器地址允许输入端。当$\overline{EA}$为高电平时，CPU 执行片内程序存储器指令，但当 PC 中的值超过 0FFFH 时，将自动转向执行片外程序存储器指令。当$\overline{EA}$为低电平时，CPU 只执行片外程序存储器指令。对于 80C31BH 单片机，$\overline{EA}$必须接低电平。该复用引脚的第二功能 V_{pp}是片内 EPROM 编程/校验时的电源线，用于 87C51BH 编程时输入 12V 编程电压。

(4) RST：复位信号输入端，高电平有效。当此输入端保持 2 个机器周期以上的高电平时，就可以完成单片机的复位初始化操作。此引脚的第二功能 V_{PD}为备用电源输入端，当主电源 V_{cc}发生故障电压降到规定电平时，备用电源会自动启动，以保证单片机内部 RAM 的数据不丢失。

1.3 单片机的工作方式

单片机的工作方式是进行系统设计的基础，也是单片机应用技术人员必须熟悉的问题，8051 单片机工作方式有复位方式、单步执行方式、程序执行方式、掉电和低功耗方式以及 EPROM 编程、校验与加密方式等。

1.3.1 复位方式

系统开始运行和重新启动靠复位电路来实现，这种工作方式为复位方式。单片机在开机时都需要复位，以便 CPU 及其他功能部件处于一种确定的初始状态，并从该状态开始工作。

1. 单片机的初始化操作——复位

单片机复位后，CPU 回到初始状态，程序计数器 PC 和特殊功能寄存器的状态如表1-2 所列。

表 1-2 复位后特殊功能寄存器的状态表

寄存器	内容	寄存器	内容	寄存器	内容
PC	0000H	P0～P3	FFH	TH0	00H
ACC	00H	IP	XX000000B	TL1	00H
B	00H	IE	0X000000B	TH1	00H
PSW	00H	TMOD	00H	SCON	00H
SP	07H	TCON	00H	SBUF	X
DPTR	0000H	TL0	00H	PCON	0XXX0000B

复位后，CPU 初始化为 0000H，使单片机从 0000H 单元开始执行程序。所以单片机除了正常的初始化外，当程序运行出错或操作错误使系统处于死循环时，也需按复位键以重新启动机器。复位不影响片内 RAM 存放的内容，而 ALE 和$\overline{PSEN}$在复位期间将输出高电平。

2. 复位信号

RST 引脚是复位信号的输入端，复位信号为高电平有效。当高电平持续 24 个振荡脉冲周期(即 2 个机器周期)以上时，单片机完成复位。假如使用晶振频率为 12MHz，则复位信号持续时间应不小于 2μs，产生复位信号的逻辑电路如图 1－5 所示。

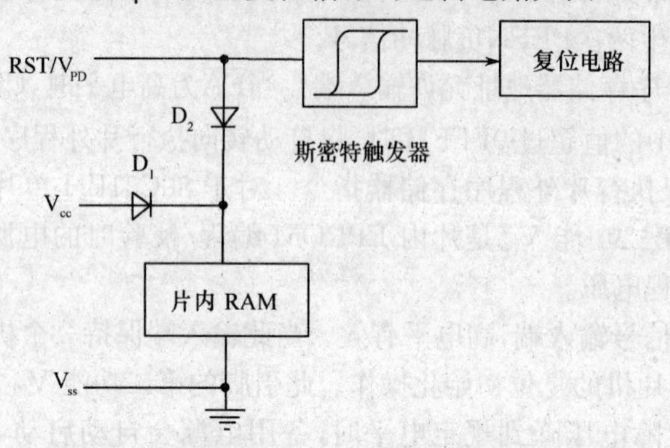

图 1－5 复位电路逻辑图

外部电路产生的复位信号由 RST 引脚送入片内斯密特触发器，再由片内复位电路在每个机器周期对斯密特触发器进行采样，然后才得到内部复位操作所需要的信号。

3. 复位方式

复位分为上电自动复位和按键手动复位两种方式。复位电路中的电阻、电容数值是为了保证在 RST 端能够保持 2 个机器周期以上的高电平以完成复位而设定的。

上电自动复位是在单片机接通电源时，对电容充电来实现的，电路如图 1－6(a)所示。上电瞬间，RST 端的电位与 V_{cc} 相同，在电阻 R 上可获得 5V 正脉冲，随着充电电流的减小，RST 端的电位逐渐下降，只要保持正脉冲的宽度为 10μs(此时电阻 R＝8.2kΩ)，8051 单片机便可自动复位。

按键手动复位实际上是上电复位兼按键手动复位。当手动开关常开时，为上电复位。按键手动复位分为电平方式和脉冲方式两种。其中，按键电平复位是通过使 RST 端经电阻与 V_{cc} 电源接通而实现的，电路如图 1－6(b)所示(一般电阻 R_1＝470Ω，电阻 R_2＝8.2kΩ)。而按键脉冲复位则是利用微分电路产生的正脉冲实现的，电路如图 1－6(c)所示(电阻 R_1＝R_2＝8.2kΩ)，在图 1－6 复位电路原理图中的电阻、电容参数适于 12MHz 晶振。

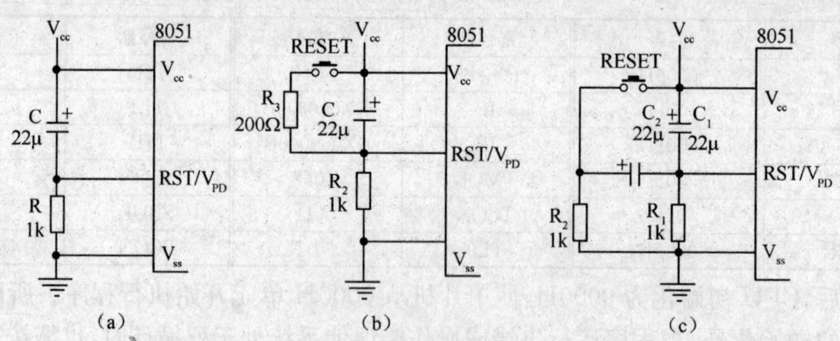

图 1－6 复位电路原理图

(a)上电自动复位；(b)按键电平复位；(c)按键脉冲复位。

1.3.2 程序执行方式

单片机程序执行方式可分为连续执行工作方式和单步执行工作方式;连续执行工作方式为单片机基本工作方式,单步执行工作方式一般用于用户调试程序。

1. 单步执行工作方式

单步执行就是通过外来脉冲控制程序的执行,使之达到来一个脉冲就执行一条指令的目的。而外来脉冲是通过按键产生的,因此单步执行实际上就是按一次键执行一条指令。

单步执行是借助单片机的外部中断功能实现的。假定利用外部中断,实现程序的单步执行,应事先做好两项准备工作。

(1) 设计单步执行的外部控制电路,以按键产生脉冲作为外部中断的中断请求信号,经$\overline{INT0}$端输入,并把电路设计成不按按键为低电平,按下按键产生一个高电平,此外还需要在初始化程序中定义$\overline{INT0}$低电平有效。

(2) 编写外部中断 0 的中断服务程序。

```
JNB    P3.2,$    ;若INT0=0,则等待
JBP    3.2,$     ;若INT0=1,则等待
RETI   ;返回主菜单
```

这样在没有按下按键的时候,$\overline{INT0}=0$ 中断有效,单片机响应中断。但转入中断服务程序后,只能在它的第一条指令上等待,只有按一次单步键,产生正脉冲$\overline{INT0}=1$,才能通过第一条指令而到第二条指令上去等待。当正脉冲结束后,再结束第二条指令并通过第三条指令返回主程序。而 MCS-51 的中断机制有这样一个特点,即当一个中断服务正在进行时,又来一个同级的新的中断请求,此时 CPU 不会立即响应中断,只有当原中断服务结束并返回主程序后,至少再执行一条指令,然后才能响应新的中断。利用这个特点,不按键即产生中断请求,进入中断服务,再按一次按键且放开后,又产生新的中断请求,故单片机从中断服务程序返回主程序后,能且只能执行一条指令,因为这时$\overline{INT0}$已为低电平,$\overline{INT0}$请求有效,单片机就再一次响应中断,并进入中断服务程序去等待,从而实现了主程序的单步执行。

2. 连续执行工作方式

连续执行工作方式是单片机的基本工作方式。由于复位后 PC=0000H,因此程序执行总是从地址 0000H 开始,为此就得在 0000H 开始的存储单元中存放一条无条件转移指令,以便跳转到实际程序的入口去执行。单片机按照事先编排的任务,自动连续地执行。

1.3.3 节电和掉电方式

节电工作方式是一种针对 CHMOS 型芯片而设计的低功耗工作方式,而掉电工作方式是针对 HMOS 型芯片而设计的一种掉电保护功能,因为 HMOS 型单片机本身功耗大,不能工作在节电工作方式。

1. 8051 单片机的掉电保护

在运行程序过程中,如单片机系统发生掉电故障,会使 RAM 和寄存器中的数据丢失,后果有时是非常严重的。为此,MCS-51 单片机可以设置掉电保护,进行掉电处理。

具体做法是先把有用信息转存,然后再启用备用电源维持供电。

1) 信息转存

所谓信息转存是指当电源出现故障时,立即将系统的有用信息转存到内部 RAM 中,它是通过中断服务程序完成的。在单片机应用系统中,可以设置一个电压检测电路。当检测到电源电压下降时,便通过 INT0 或 INT1 产生一个外部中断请求,8051 中断响应后执行中断服务程序便可把有用信息送内部 RAM 中保护起来,这就是通常所说的"掉电中断"。

因为单片机电源 V_{cc}都接有滤波电容,掉电后电容储存的电能尚能维持有效电压达几毫秒,足以完成掉电中断操作。

2) 接通备用电源

信息转存后还应维持内部 RAM 的供电,才能保护转存信息不被破坏。为此系统应装有备用电源,并在掉电后立即接通备用电源。备用电源由单片机的 RSR/V_{PD}引脚接入。为了在掉电时能及时接通备用电源,系统中还需要备用电源与 V_{cc}电源的自动切换电路。这个电路如图 1-5 所示。

切换电路由两个二极管组成。当电源电压 V_{cc}高于 RSR/V_{PD}引脚的备用电源电压时,D1 导通,D2 截止,内部 RAM 由 V_{cc}电源供电。当 V_{cc}电源电压降至备用电源电压以下时,D1 截止,D2 导通,内部则由备用电源供电。这时,单片机就进入掉电保护方式。

由于备用电源容量有限。在掉电后,系统可以使时钟电路和 CPU 停止工作,但内部 RAM 和寄存器应继续工作以保持其内容。为此,有人把备用电源提供的仅维持单片机内部 RAM 工作的最低消耗电流形象地称为"饥饿电流"。

当电源 V_{cc}恢复时,RST/V_{PD}端备用电压还应继续维持一段时间(约 10ms),以给其他电路从启动到稳定工作留出足够的过渡时间,然后才结束掉电保护状态,使单片机恢复正常工作。当然,单片机恢复正常工作以后的第一件事就是恢复被保护的信息。

2. 单片机的节电方式

CHMOS 型单片机是一种低功耗器件,其节电工作方式可分为待机工作方式和停机保护方式,该芯片正常工作时电流为 11mA~22mA,空闲状态时为 1.7mA~5mA,停机状态时为 5μA~50μA。其待机工作方式和掉电保护方式都是由特殊功能寄存器 PCON (电源控制寄存器)中相应的位来控制,PCON 寄存器格式如表 1-3 所列。

表 1-3 电源控制寄存器格式

	D7	D6	D5	D4	D3	D2	D1	D0
地址(87H)	SMOD	—	—	—	GF1	GF0	PD	IDL

表 1-3 中,SMOD 为串行口波特率倍率控制位,用于串行通信;GF1 和 GF0 为通用标志位,描述中断是来自正常运行还是来自空闲方式,可通过指令设定它们的状态;PD 为掉电方式控制位,为"1"时,则进入掉电工作方式;IDL 为空闲方式控制位,为"1"时,则进入空闲工作方式;若 PD 和 IDL 同为"1"时,则先进入掉电保护方式。要想使单片机进入待机或掉电保护工作方式,只要执行一条能使 IDL 或 PD 位为"1"的指令即可。

1.3.4 编程、校验和加密方式

编程、校验和加密用于内部含有 EPROM 的单片机芯片(如 8751/87C51),单片机内

部有 4KB 的 EPROM，一般单片机开发系统都提供实现这种方式的设备和功能。

编程的主要操作是将原始程序、数据写入内部 EPROM 中。编程时，要在引脚 V_{pp}端提供稳定的编程电压（一般为 21V），从 P0 口输入编程信息，当编程脉冲输入端 PROG 输入 50ms 宽度的负脉冲时，就完成一次写操作。

校验是在对 875l 或 8051 单片机内部已编排好的 EPROM 程序内容读出进行验证，以保证写入信息的正确性。

875lH 单片机中含有一位加密位，一旦此加密位被编程，8751H 就自动禁止用任何外部手段去访问片内的程序存储器。其电路的连接、编程过程与正常编程类似，差别在于加密编程时 P2.6 保持 TTL 高电平，且 P0、P1 和 P2.0～P2.3 可以是任何状态。ALE/PROG 加 50ms 负脉冲，EA/V_{pp}加＋21V 脉冲。

875lH 单片机加密后，只有靠完全擦除程序存储器中的内容才能使其解密。加密后，照常可执行内部程序存储器中的指令，但不能从外部读出它，不能进一步编程。

1.4 MCS-51 的 C 语言程序设计概述

MCS-51 常用的程序设计语言有两种，一种是汇编语言，另一种是 C 语言。汇编语言是一种面向机器的程序设计，它以助记符表示机器语言，每一条指令对应一条机器语言。在 MCS-51 的应用设计中，大部分实用程序都是采用汇编语言编写的，但其可读性和可移植性都比较差，因此采用汇编语言编写程序不但周期长，而且调试和排除程序错误也比较困难。

为了提高编制程序的效率，改善程序的可读性和可移植性，采用高级语言无疑是一种很好的选择。C 语言既具有一般高级语言的优点，又能直接对硬件进行操作，还可提高程序的可读性，缩短软件开发周期。

1.4.1 MCS-51 单片机 C 语言——C51

MCS-51 系列单片机支持三种高级语言，即 BASIC、PL/M 和 C，8052 单片机内固化有 BASIC 语言，BASIC 语言适用于简单编程并对编程效率、运行速度要求不高的场合。PL/M 是一种结构化的语言，很像 PASCAL，其编译器像汇编器一样，可产生紧凑机器代码，可以说是高级汇编语言，但它不支持复杂算术运算，无丰富库函数支持，学习 PL/M 无异于学习一种新的语言。C 语言是一种通用的程序设计语言，其代码率高，数据类型及运算符丰富，并具有良好的程序结构，适用各种应用程序设计，是目前使用很广泛的单片机编程语言。

1. 单片机 C51 简介

单片机 C 语言采用 C51 编译器，所以简称 C51。由 C51 生成的目标代码短，运行速度高，所需存储空间小，符合 C 语言的 ANSI 标准，产生的代码遵循 Intel 目标文件格式，而且可与 ASM51 或 PL/M51 混合使用。

C51 是德国 Keil 公司专为 8051 单片机设计开发的高效率 C 语言编译器，支持符合 ANSI 标准的 C 语言程序设计，同时 C51 针对 MCS-51 单片机的自身特点做了一些特殊的扩展。目前 C51 大多使用 Keil C51 编译器，Keil C51 以软件包形式向用户提供，主要包括 C51 交叉编译器、A51 宏汇编器、BL51 连接定位器等一系列工具及软件仿真 dScope51 等开发平台。uVision2 是一种集成化的文件管理编译环境，把项目管理和源代码程序编辑、编译和调试工具集成到一个功能强大的环境中，采用优化 C51 及 C 交叉编译器产生可重定位的目标文件，并采用 A51 宏汇编器汇编源代码产生可重定位的目标文件，采用 BL51 库管理器管理库文件；采用 OH51 转换文件以实现绝对目标文件到 Intel HEX 格式文件的转换；采用 RTX-51 实时操作系统简化了复杂的和对时间要求敏感的软件项目。

2. 单片机 C51 的特点

单片机 C51 语言具有良好的模块化、容易阅读和维护等特点。由于模块化，用 C 语言编写的程序有很好的可移植性，功能化的代码能够很方便地从一个工程移植到另一个工程，从而减少开发时间。使用 C51 语言编写程序比用汇编语言更符合人们的思考习惯，开发者可以更专心地考虑算法而不是考虑细节，这样一来就减少了开发和调试时间。使用像 C 这样的语言，程序员不必十分熟悉处理器的运算过程和内部结构，这使得 C51 语言编写的程序比汇编有更好的可移植性。与汇编语言相比，C51 具有以下特点：

(1) 对单片机的指令系统不要求了解，仅要求对 MCS-51 的存储器结构有初步了解，无须懂得单片机的具体结构，也能编出符合硬件实际的好程序。

(2) 程序有规范的结构，可分成不同的函数，这种方式可使程序结构化。由于具有方便的模块化编程技术，已编好的程序可以很容易地植入新程序。

(3) 寄存器分配和寻址方式由编译器管理，编程时不需要考虑存储器的寻址和数据类型等细节。中断服务程序的现场保护和恢复，中断向量表的填写都由 C51 编译器处理。

(4) 指定操作的变量选择组合提高了程序的可读性，可使用与人的思维更相近的关键字和操作函数。

(5) C51 中的库文件提供许多标准的例程，如格式化输出、数据转换和浮点运算等，C51 还提供丰富的库函数供用户直接调用，不同函数的数据实行覆盖，有效利用了 RAM 的空间。

(6) C51 提供了复杂的数据类型，极大地增强了程序处理能力和灵活性；提供 auto，extern static，const 等存储类型和专门针对 MCS-51 单片机的 data，bdata，idata，pdata，xdata，code 等存储类型，自动为变量合理地分配地址；提供 small，compact，large 等编译模式，以适应片上存储器的大小；完整的编译控制指令为程序调试提供必要的符号信息。

(7) 头文件中允许定义宏、说明复杂数据类型和函数原型，实现模块化编程技术，可将已编制好的程序加入到新程序中，有利于程序的移植和支持单片机的系列化产品开发。C51 编译器几乎适用于所有目标系统，已完成的软件项目可以很容易地移植到其他处理器中。

(8) C51 可方便地接受多种实用程序的服务。如片上资源的初始化，有专门的实用程序自动生成；实时多任务操作系统，可调度多道任务，简化用户编程，提高运行安全性等。

3. 单片机 C51 的程序结构

同标准 C 语言一样,C51 的程序由三部分组成:程序头部、main 函数和其他部分。

(1) 程序头部。在一个程序中,不可避免地要调用一些系统库函数或者使用一些系统定义的常数、变量等。这些库函数的调用规范、常数、变量的定义都描述在一些后缀为 .h 的文本文件里,这些文件称为“头文件”,其格式如下:

```
#include<C51头文件.h>/*尖括号<>表示引用的头文件在系统路径里*/
#include"C51头文件.h"/*双引号""表示引用的头文件在当前目录里*/
```

(2) 函数 main( )。所有 C51 程序都至少有一个主函数 main( ),这里的函数和其他语言的子程序或过程有相同的意义,程序的执行从主函数开始,调用其他函数后返回主函数,最后在主函数中结束整个程序,而不管函数的排列顺序如何。其格式如下:

```
int main( )
{
……
return 0;
}
```

main 后面的空括号表明它是一个函数,它是用花括号扩起来的语句的集合来完成程序功能。int 代表函数返回数据类型,即通知编译器,函数将返回一个整型值给调用 main 的过程。这个调用过程可以是运行程序的操作系统,或者其他环境。Main 内的 return 语句将返回一个 0 值给它的调用者(一般 0 值表示无错误发生)。

(3) 其他部分。程序的其他部分基本上是由用户定义的各种函数组成。除 main 函数外,C51 程序的其他部分基本上是由程序设计者自己定义的函数或数据组成。

库函数只能提供一些基本常用的函数,用户必须根据自己的开发需要而定义函数(即自定义函数)。

1.4.2 单片机 C51 程序设计的流程和规范

1. 单片机 C51 程序设计的流程如下:

(1) 拟制设计任务书:根据设计要求到现场进行实地考察,就程序功能、技术指标、精度等级、实施方案、工程进度、所需设备等拟制设计任务书。

(2) 建立数学模型:在弄清设计任务书的基础上,设计者应把控制系统的计算任务或控制对象物理过程抽象和归纳为数学模型。

(3) 确立算法:在数学模型基础上,根据被控对象的控制过程和逻辑关系,拟制出具体的切合实际的最佳算法和步骤。

(4) 绘制程序流程图:这是程序的结构设计阶段,对于一个复杂的设计任务,还要实际情况确定程序的结构设计方法(如模块化程序设计、自顶向下程序设计等),把总设计任务划分为若干子任务,并分别绘制出响应的程序流程图。

(5) 编制 C51 源程序:根据程序流程图进行编程,注意在适当位置加以注释以提高所编程序的可读性和可维护性。

(6) 上机调试:使用 Keil 工具,创建一个项目,用项目管理器生成用户应用,测试连接应用,以检验程序的正确性。

2. C51 设计规范

为增强程序的可读性，便于源程序的交流和承上启下，减少合作开发中的中的障碍，应当在编写 C51 程序时遵循一定的规范。

1）注释

（1）开始的注释。模块注释内容主要有：公司名称、版权作者名称、作者名称、修改时间、模块功能等，复杂的算法需加上流程说明。例如：

```
/＊单位名称：武汉工业学院计算机与信息工程系＊/
/＊模块名：PC 机通信模块＊/
/＊创建人：Liu changhua 日期：2007-01-10＊/
/＊修改人：Liu changhua 日期：2007-01-17＊/
/＊功能描述和说明：完成 PC 机与单片机的串行双工通讯＊/
/＊版本：V1.0＊/
```

（2）函数开头的注释内容。函数开头的注释内容主要有：函数名称、功能、说明、输入、返回、函数描述、流程处理、全局变量、调用样例等，复杂的算函数需加上变量用途说明。例如：

```
/＊函数名称：v_LcdInit
＊功能描述：LCD 初始化
＊说明：初始化命令：0x3c,0x08,0x01,0x06,0x10,0x0c
＊调用函数：v_Delaymsec(),v_LcdCmd()
＊全局变量：
＊输入：无
＊返回：无
＊设计者：Liu changhua 日期：2007-01-10
＊修改人：Liu changhua 日期：2007-01-17
＊版本：V1.0＊/
```

（3）程序中的注释内容。修改时间和作者、方便理解的注释，对一目了然的语句可不加注释。

2）命名

命名必须具有一定的实际意义。一般遵循以下规则：

（1）常量命名：全部用大写。

（2）变量命名：一般在变量名前加反映变量数据类型的前缀（用小写字母），反映变量意义的第一个字母大写，其他小写。

（3）函数命名：函数名首字母大写，函数名若包含有两个单词，则每个单词首字母大写。函数原型说明包括：引用外来函数及内部函数，外部引用必须在右侧注明函数来源（模块名及文件名），内部函数只要注释其声明文件名即可。

3）编辑风格

预处理语句、全局变量、函数原形、标题、附加说明、函数说明、标号等均顶格书写，语句块的“{”“}”配对对齐，并与其前一行对齐。

数据和函数在其类型、修饰名词之间适当空格。关键字原则上空一格，如 if ( ) 等。运算符的空格规定为“->”、“|”、“++”、“--”、“~”、“!”、“+”、“-”、“&”、“＊”等几个

运算符两边不空格(其中单目运算符指与操作数相连的一边),其他运算符两边均空一格。“(”、“)”运算符在其内侧空一格,在作函数声明时还可根据情况多空或不空来对齐,单在函数声明时可以不用。“,”运算符只在其后空一格,对语句行后加的注释应当以空格与语句隔开并对齐。

原则上关系密切的行应对齐,每一行的长度不应超过屏幕,必要时换行,换行尽可能在“,”或运算符处。换行后最好以运算符打头,并且以下语句均以该语句首行缩进,但该语句仍以首行缩进为准。

程序文件结构各部分之间空一行,各函数实现之间空两行。版本封存以后的修改一定要将旧语句用“/ * /”封闭,不要自行删除或修改,并要在文件及函数的修改记录中加以记载。在声明函数时,在函数名后面括号中直接进行形式参数说明。

1.5 互联网上的单片机资源

互联网上的单片机资源很多,读者可通过各种搜索引擎搜索相关网站,下面是笔者经常访问的一些关于单片机学习的中文网站。

(1) 单片机学习网 http//:www.mcustudy.com,该网站的主要栏目有单片机应用、可编程器件、编程及其他、初学者乐园等。

(2) 大虾电子网 http//:www.daxia.com,原名“51单片机世界”,主要栏目有大虾电子商城、FTP下载、IC资料查询、51仿真器、实战经验、C51源程序等。

(3) 周立功单片机 http//:www.zlgmcu.com,主要栏目有今日话题、选型指南、最新更新、半导体、微控制器、开发工具等。

(4) 中源单片机 http//:www.zymcu.com,该网站提供完善的产品开发解决方案,涉及的产品有家用电器、工业控制、仪器仪表、医疗保健器材及其他消费类电子产品,主要栏目有基础教程、电路设计、在线编程、解决方案等。

(5) 电子先锋 http//:www.dz863.com,是电子工程师最方便的资料网站,主要栏目有微处理器、嵌入式开发、电源开发、控制技术、可编程器件、无线与通信等。

(6) 嵌入开发网 http//:www.embed.com.cn,该网站是以介绍国内外各种嵌入式产品、技术、信息、资源为主要服务内容的网站,提供一个嵌入式人员技术交流的网络平台。主要栏目有新闻、产品、厂商、论坛、下载、专题、研讨会等。

(7) 中国单片机 http//:www.mcuw.com,主要栏目有单片机新闻、单片机资料、电子技术、单片机职业生涯、嵌入式系统、单片机论坛等。

其他相关网址有单片机坐标(www.mcuzb.com)、北京单片机、世纪开发网、武汉利源(www.9910.com)、单片机培训网、单片机开发、新动力技术网、单片机精英联盟、单片机启点网(www.mcu99.com)、全球电子元器件信息网、紫微单片机(www.zwmcu.com)、万博门单片机,小龙微控、FPGA论坛、中国电器论坛、中国思科培训网、Intel公司、Philips公司、Infineon公司、Lattice-Vantis公司等。

第 2 章　开发工具

德国 Keil 公司开发的 Keil C51 V6. xx v7. xx(包括 V6. 02、V6. 10、V6. 12、V6. 14、V6. 20、V6. 20C、V6. 23a、V7. 0、V7. 01、V7. 02、V7. 03、V7. 04、V7. 05、V7. 06a、V7. 07a 等)是目前世界上最流行的 8051 单片机的汇编和 C 语言的开发工具。它支持 ASM51 汇编、C 语言以及混合编程,同时具备功能强大的软件仿真和硬件仿真,即通过 mon51 协议和硬件仿真器连接,直接对目标板进行调试。

Keil C51 的 IDE(集成开发环境)主要有两个版本,一个是 uVision1 (Keil C51 V5. 20 以下版本),一个是 uVision2。uVision1 是 16 位的软件,作为早期的软件(1997 年以前的软件),其连接实际上是 dos 命令行,不能在 Windows NT,Windows 2000 上运行。后来 Keil 公司推出了新的 32 位的软件 Keil C51 V6. xx,又叫 uVision2,是全 32 位的软件,可以运行在 Windows 9x,Windows NT,Windows me,Windows 2000,Windows XP 等操作系统上,功能更加强大,支持的芯片更多,其运行界面如图 2-1 所示。

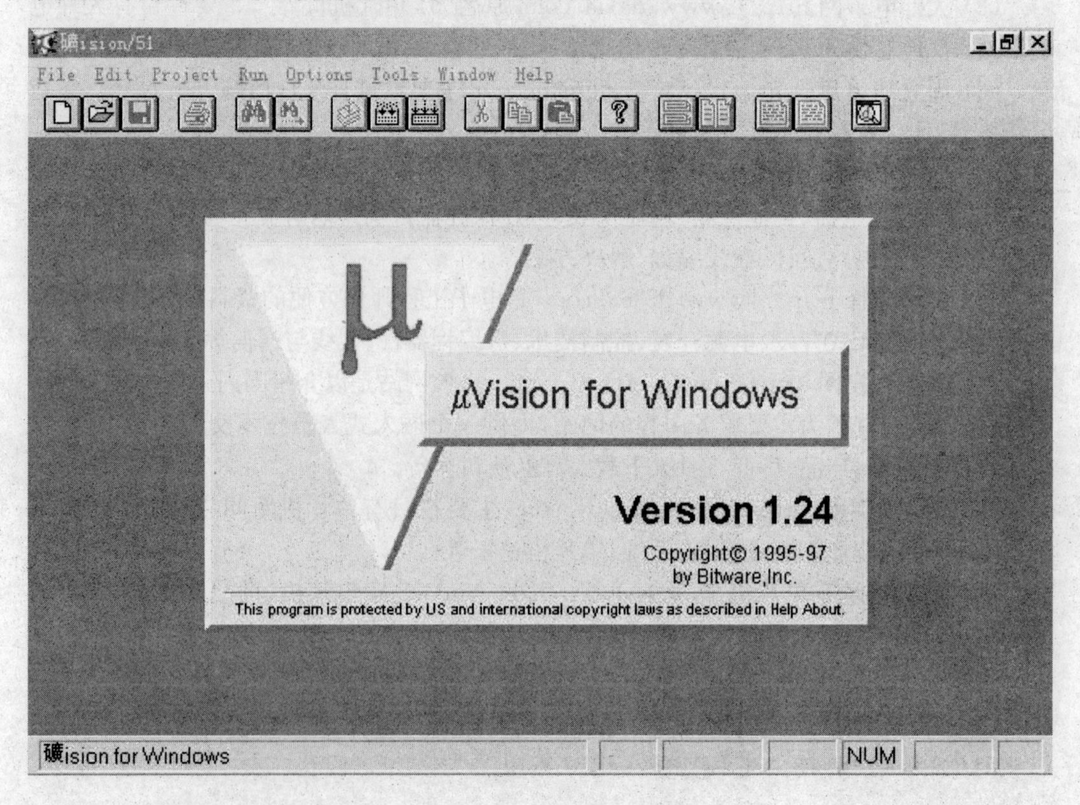

图 2-1　uVision1 运行界面

仿真的环境又叫 DScope51,其运行界面如图 2-2 所示。

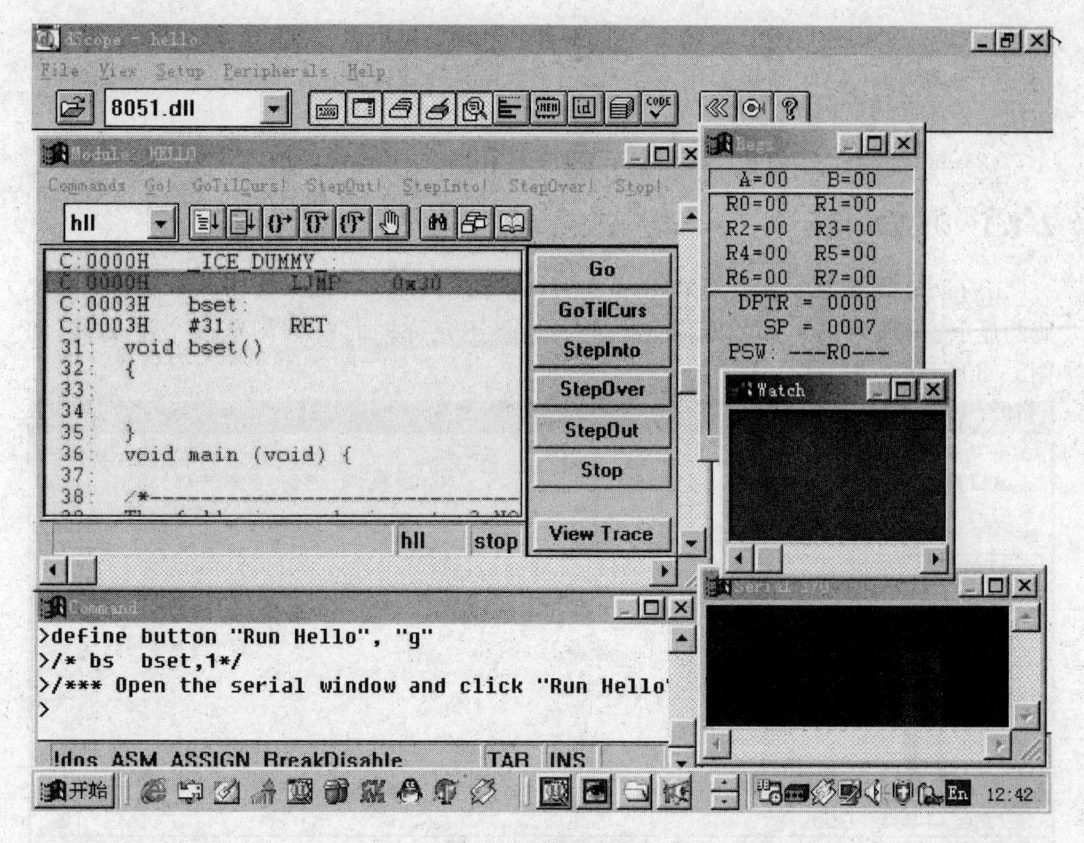

图 2-2 DScope51

Keil 8051 开发工具提供数个十分有用的特性，可以帮助用户快速成功地开发嵌入式应用，这些工具使用简单并保证达到设计目的。

本章将以 uVision2(Keil c51 v6.xx 的版本)的 IDE 为基础来说明 Keil C51 的设计流程和功能特点。

2.1 uVision2 集成开发环境

uVision2 IDE 是一个基于 Windows 的开发平台，包含一个高效的编辑器、一个项目管理器和一个 MAKE 工具。虽然该开放环境主要用来开发单片机 C 语言程序，但也可以用来开发汇编语言程序，能够进行程序的仿真调试，甚至还可以和一些硬件仿真器相连，直接对目标板进行调试，其功能非常强大。

uVision2 支持所有的 Keil 8051 工具，包括 C 编译器、宏汇编器、连接/定位器、目标代码到 HEX 的转换器。uVision2 通过以下特性加速嵌入式系统的开发过程：

(1) 全功能的源代码编辑器。

(2) 器件库用来配置开发工具设置。

(3) 项目管理器用来创建和维护项目。

(4) 集成的 MAKE 工具可以汇编编译和连接嵌入式应用。

(5) 所有开发工具的设置都是对话框形式的。

(6) 真正的源代码级的对 CPU 和外围器件的调试器。

(7) 高级 GDIAGDI 接口用来在目标硬件上进行软件调试以及和 Monitor-51 进行通信。

(8) 与开发工具手册和器件数据手册和用户指南有直接的链接。

2.1.1 开发环境

uVision2 界面提供一个菜单、一个工具条，以便快速选择命令按钮。另外还有源代码的显示窗口、对话框和信息显示。uVision2 还允许同时打开浏览多个源文件，如图2-3所示。

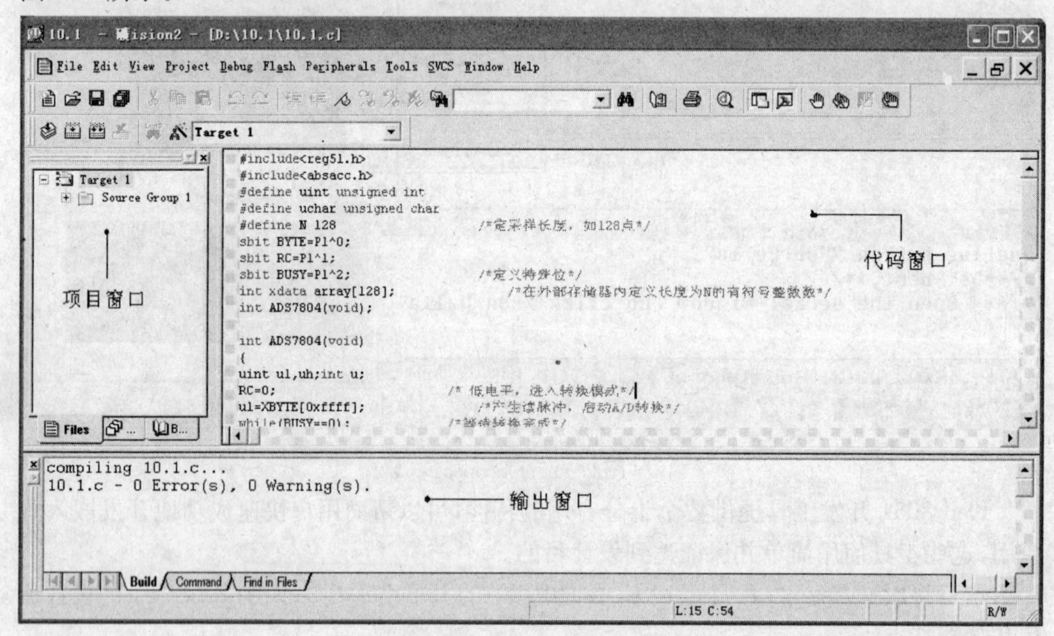

图 2-3 uVision2 开发平台

2.1.2 菜单、工具条和快捷键

菜单提供各种操作工具，如编辑操作、项目维护、开发工具选项设置、调试程序、窗口选择和处理、在线帮助。工具条按钮允许快速地执行 uVision2 命令，键盘快捷键允许执行 uVision2 命令，下面的表格列出了 uVision2 菜单项命令、工具条图标、默认的快捷键以及他们的描述。

1. 文件菜单和命令(File)

文件菜单和命令如表 2-1 所列。

表 2-1 文件菜单和命令(File)

菜单	工具条	快捷键	描述
New		Ctrl+N	创建新文件
Open		Ctrl+O	打开已经存在的文件
Close			关闭当前文件

（续）

菜单	工具条	快捷键	描　述
Save		Ctrl+S	保存当前文件
Save all			保存所有文件
Save as			另外取名保存
Device Database			维护器件库
Print Setup			设置打印机
Print		Ctrl+P	打印当前文件
Print Preview			打印预览
1-9			打开最近用过的文件
Exit			退出 uVision2 提示是否保存文件

2. 编辑菜单和编辑器命令(Edit)

编辑菜单和编辑器命令如表 2-2 所列。

表 2-2　编辑菜单和编辑器命令(Edit)

菜单	工具条	快捷键	描　述
Home			移动光标到本行的开始
End			移动光标到本行的末尾
Ctrl+Home			移动光标到文件的开始
Ctrl+End			移动光标到文件的结束
Ctrl+←			移动光标到词的左边
Ctrl+→			移动光标到词的右边
Ctrl+A			选择当前文件的所有文本内容
Undo		Ctrl+Z	取消上次操作
Redo		Ctrl+Shift+Z	重复上次操作
Cut		Ctrl+X	剪切所选文本
		Ctrl+Y	剪切当前行的所有文本
Copy		Ctrl+C	复制所选文本
Paste		Ctrl+V	粘贴
Indent Selected Text			将所选文本右移一个制表键的距离
Unindent Selected Text			将所选文本左移一个制表键的距离

（续）

菜单	工具条	快捷键	描　述
Toggle Bookmark		Ctrl+F2	设置/取消当前行的标签
Goto Next Bookmark F2		F2	移动光标到下一个标签处
Goto Previous Bookmark		Shift+F2	移动光标到上一个标签处
Clear All Bookmarks			清除当前文件的所有标签
Find		Ctrl+F	在当前文件中查找文本
		F3	向前重复查找
		Shift+F3	向后重复查找
		Ctrl+F3	查找光标处的单词
		Ctrl+]	寻找匹配的大括号、圆括号、方括号
Replace		Ctrl+H	替换特定的字符
Find in Files			在多个文件中查找

3. 选择文本命令

在 uVision2 中，可以通过按住 Shift 键和相应的光标操作键来选择文本。如 Ctrl+→是移动光标到下一个词。那么，Ctrl+Shift+→就是选择当前光标位置到下一个词的开始位置间的文本。当然也可以用鼠标来选择文本操作如下：

（1）任意数量的文本——在要选择的文本上拖动鼠标。

（2）一个词——双击此词。

（3）一行文本——移动鼠标到此行的最左边直到鼠标变成右指向的箭头然后单击。

（4）多行文本——移动鼠标到此行的最左边，直到鼠标变成右指向的箭头然后相应拖动。

（5）一个矩形框中的文本——按住 Alt 键然后相应拖动鼠标。

4. 视图菜单(View)

视图菜单如表 2-3 所列。

表 2-3　视图菜单(View)

菜　单	工具条	快捷键	描　述
Status Bar			显示/隐藏状态条
File Toolbar			显示/隐藏文件菜单条
Build Toolbar			显示/隐藏编译菜单条
Debug Toolbar			显示/隐藏调试菜单条
Project Window			显示/隐藏项目窗口
Output Window			显示/隐藏输出窗口
Source Browser			打开资源浏览器
Disassembly Window			显示/隐藏反汇编窗口

（续）

菜　单	工具条	快捷键	描　述
Watch & Call Stack Window			显示/隐藏观察和堆栈窗口
Memory Window			显示/隐藏存储器窗口
Code Coverage Window Performance			显示/隐藏代码报告窗口
Analyzer Window			显示/隐藏性能分析窗口
Symbol Window			显示/隐藏字符变量窗口
Serial Window #1			显示/隐藏串口1的观察窗口
Serial Window #2			显示/隐藏串口2的观察窗口
Toolbox			显示/隐藏自定义工具条
Periodic Window Update			程序运行时刷新调试窗口
Workbook Mode			显示/隐藏窗口框架模式
Options			设置颜色字体快捷键和编辑器的选项

5. 项目菜单和项目命令(Project)

项目菜单和项目命令如表2-4所列。

表2-4　项目菜单和项目命令(Project)

菜　单	工具条	快捷键	描　述
New Project			创建新项目
Import uVision1 Project			转化 uVision1 的项目
Open Project			打开一个已经存在的项目
Close Project			关闭当前的项目
Target Environment			定义工具包含文件和库的路径
Targets，Groups，Files			维护一个项目的对象文件组和文件
Select Device for Target			选择对象的 CPU
Remove			从项目中移走一个组或文件
Options		Alt+F7	设置对象组或文件的工具选项
File Extensions	WCDSPI		选择不同文件类型的扩展名
Build Target		F7	编译修改过的文件并生成应用
Rebuild Target			重新编译所有的文件并生成应用
Translate		Ctrl+F7	编译当前文件
Stop Build			停止生成应用的过程
1-9			打开最近打开过的项目

6. 调试菜单和调试命令(Debug)

调试菜单和调试命令如表2-5所列。

表 2-5　调试菜单和调试命令(Debug)

菜 单	工具条	快捷键	描　述
Start/Stop Debugging		Ctrl+F5	开始/停止调试模式
Go		F5	运行程序直到遇到一个中断
Step		F11	单步执行程序遇到子程序则进入
Step over		F10	单步执行程序跳过子程序
Step out of Current Function		Ctrl+F11	执行到当前函数的结束
Stop Running		ESC	停止程序运行
Breakpoints			打开断点对话框
Insert/Remove Breakpoint			设置/取消当前行的断点
Enable/Disable Breakpoint			使能/禁止当前行的断点
Disable All Breakpoints			禁止所有的断点
Kill All Breakpoints			取消所有的断点
Show Next Statement			显示下一条指令
Enable/Disable Trace Recording			使能/禁止程序运行轨迹的标识
View Trace Records			显示程序运行过的指令
Memory Map			打开存储器空间配置对话框
Performance Analyzer			打开设置性能分析的窗口
Inline Assembly			对某一个行重新汇编可以修改汇编代码
Function Editor			编辑调试函数和调试配置文件

7. 外围器件菜单(Peripherals)

外围器件菜单如表 2-6 所列。

表 2-6　外围器件菜单(Peripherals)

菜 单	工具条	快捷键	描　述
Reset CPU			复位 CPU
Serial, Timer, A/D Converter, D/A Converter, I2C Controller, CAN Controller, Watchdog			Interrupt，打开片上外围器件的设置对话框 I/O-Ports，对话框的种类及内容依赖于选择的 CPU

8. 工具菜单(Tool)

利用工具菜单可以配置、运行 Gimpel PC-Lint，Siemens Easy-Case 和用户程序。通过 Customize Tools Menu 菜单，可以添加想要添加的程序。工具菜单如表 2-7 所列。

表 2－7　工具菜单(Tool)

菜 单	工具条	快捷键	描　述
Setup PC-Lint			配置 Gimpel Software 的 PC-Lint 程序
Lint			用 PC-Lint 处理当前编辑的文件
Lint all C Source Files			用 PC-Lint 处理项目中所有的 C 源代码文件
Setup Easy-Case			配置 Siemens 的 Easy-Case 程序
Start/Stop Easy-Case			运行/停止 Siemens 的 Easy-Case 程序
Show File (Line)			用 Easy-Case 处理当前编辑的文件
Customize Tools Menu			添加用户程序到工具菜单中

9. 软件版本控制系统菜单(SVCS)

软件版本控制系统菜单用来配置和添加软件版本控制系统的命令，如图 2－8 所列。

表 2－8　软件版本控制系统菜单(SVCS)

菜 单	工具条	快捷键	描　述
Configure Version Control			配置软件版本控制系统的命令

10. 视窗菜单(Window)

视窗菜单如表 2－9 所列。

表 2－9　视窗菜单(Window)

菜 单	工具条	快捷键	描　述
Cascade			以互相重叠的形式排列文件窗口
Tile Horizontally			以不互相重叠的形式水平排列文件窗口
Tile Vertically			以不互相重叠的形式垂直排列文件窗口
Arrange Icons			排列主框架底部的图标
Split			把当前的文件窗口分割为几个
1-9			激活指定的窗口对象

11. 帮助菜单(Help)

帮助菜单如表 2－10 所列。

表 2－10　帮助菜单(Help)

菜 单	工具条	快捷键	描　述
Help topics			打开在线帮助
About Vision			显示版本信息和许可证信息
uVision2			有两种操作模式

其中，uVision2 有两种操作模式，在两种模式下都可以用源文件编辑器来编辑源代码：

(1) 创建模式：编译应用中所有的文件，以产生执行程序。

(2) 调试模式：提供一个非常强劲的调试器，可以用它来调试程序。

2.2 C51优化的C语言交叉编译器

Keil C51交叉编译器是一个基于ANSI C标准的针对8051系列MCU的C编译器，生成的可执行代码快速、紧凑，在运行效率和速度上可以和汇编程序得到的代码相媲美。和汇编语言相比，用C语言这样的高级语言有很多优势，其特点有：

(1) 对处理器的指令集不必了解8051 CPU的基本结构。

(2) 寄存器的分配以及各种变量和数据的寻址都由编译器完成。

(3) 程序拥有了正式的结构(由C语言带来的)，并且能被分成多个单独的子函数。这使整个应用系统的结构变得清晰，同时让源代码变得可重复使用。

(4) 选择特定的操作符来操作变量的能力提高了源代码的可读性。

(5) 可以运用和人的思维很接近的词汇和算法表达式。

(6) 编写程序和调试程序的时间得到很大程度的缩短。

(7) C运行连接库包含一些标准的子程序，如格式化输出、数字转换、浮点运算。

(8) 由于程序的模块结构技术，使得现有的程序段可以很容易地包含到新的程序中去。

(9) ANSI标准的C语言是一种非常方便的，获得广泛应用的，在绝大部分系统中都能够很容易得到的语言。

因此，如果需要现有的程序，可以很快地移植到其他的处理器上节省投资。

2.2.1 C51语言的扩展

虽然C51是一个兼容ANSI的编译器，但为了支持8051系列MCU还是加入了一些扩展的内容。C51编译器的扩展内容包括数据类型、存储器类型、指针、重入函数、中断服务程序、实时操作系统和PL/M及A51源程序的接口。以下各节简单地描述上述扩展特性。

2.2.2 数据类型

C51的数据有常量和变量。常量是在程序运行中值不变的量，可以为字符、十进制数或十六进制数；反之在程序运行中可以改变的量称为变量，一个变量由变量名和变量值构成，变量名即是存储单元地址的符号表示，而变量值就是该单元存放的内容，定义一个变量，编译系统会自动为它安排一个存储单元，具体的地址值用户不必在意。常见的数据类型有字符型、整型、实型、指针型、访问SFR的数据类型。

无论哪种数据，都是存放在存储单元中，每一个数据究竟要占用几个单元，都要提供给编译系统，正如汇编语言中存放数据的单元要用DB或DW的伪指令进行定义一样，编译系统以此为根据预留存储单元，C51编译器支持的数据类型如表2-11所列。

表2-11中字符型(char)、整型(int)和长整型(long)均有符号型(signed)和无符号型(unsigned)两种，如果不是必须，尽可能选择无符号型，这将会使编译器省去符号位的监测，使生成的程序代码比符号型数据短得多。

表中，bit、sbit、sfr和sfr16为8051硬件和C51及C251编译器所特有，它们不是ANSI C的一部分，也不能用指针对它们进行存取。这些sbit、sfr和sfr16类型的数据，能

表 2-11　C51 数据类型

数据类型		长度	值　域
位型	bit	1b	0 或 1
字符型	Signed char	1B	−128～127
字符型	Unsigned char	1B	0～255
整型	Signed int	2B	−32768～+32767
整型	Unsigned int	2B	0～65535
整型	Signed long	4B	−2147483648～+214783467
整型	Unsigned long	4B	0～4294967259
实型	float	4B	1.176E-38～3.40E+38
指针型	Data/idata/pdata	1B	1 字节地址
指针型	Code/xdata	2B	2 字节地址
指针型	通用指针	3B	1 字节为存储器类型编码,2、3 字节为地址偏移量
访问 SFR 的数据类型	sbit	1b	0 或多或少
	sfr	1B	0～255
	sfr16	2B	0～65535

够操作 8051MCU 所提供的特殊功能寄存器。例如:

sfr P0 = 0x80; /* Define 8051 P0 SFR */

该表达式声明了一个变量 P0,并且把它和位于 0x80(8051 的端口 0)处的特殊功能寄存器联系在一起。当结果的数据类型和源数据类型不同时,C51 编译器在数据类型间自动进行转换。例如,一个 bit 变量赋值给一个 integer 变量时将会被转换为 integer。当然可以用类型表示进行强制转换,数据转换时要注意,有符号变量的转换其符号是自动扩展的。

2.2.3　存储器类型

C51 编译器支持 8051 及其派生类型的结构,能够访问 8051 的所有存储区,该存储区可分为程序存储区 code、内部数据存储区(data、idata、bdata)和外部数据存储区(xdata、pdata),如表 2-12 所列。表 2-12 所列出的存储器类型的变量都可以被分配到某个特定的存储器空间。

表 2-12　C51 编译器支持 8051 及其派生类型的结构

存储器类型	描　述
code	程序空间 64KB 通过 MOVC @A+DPTR 访问
data	直接访问的内部数据存储器访问速度最快 128B
idata	间接访问的内部数据存储器可以访问所有的内部存储器空间 256B
bdata	可位寻址的内部数据存储器可以字节方式也可以位方式访问 16B
xdata	外部数据存储器 64KB 通过 MOVX @DPTR 访问
pdata	分页的外部数据存储器 256B 通过 MOVX @Rn 访问

访问内部数据存储器将比访问外部数据存储器快得多。因此，应该把频繁使用的变量放置在内部数据存储器中，把很少使用的变量放在外部数据存储器中。这通过使用SMALL模式将很容易就做到。通过定义变量时包括存储器类型，可以定义此变量存储在想要的存储器中。下面分别详细介绍这个存储器区。

1. 程序存储区

程序存储区 code 是只读的不能写，程序存储区可能在 8051 内部或外部都有，这由 8051 派生的硬件决定。编译的时候要对程序存储器区中的对象进行初始化，否则会产生错误。在 C51 编译器中可用 code 存储区类型标识符来访问程序存储区，例如：

```
Unsigned char code a[]=
{0x00,0x01,0x02,0x03,0x04, 0x05,0x06,0x07,0x08,0x09, 0x10,0x11,0x12,
0x13,0x14,0x15};
```

2. 内部数据存储区

内部数据存储区可分为 data 区、idata 区、bdata 区。data 区的寻址是最快的，所以应该把经常使用的变量放在 data 区，但是 data 区的空间是有限的，data 区除了包含程序变量外，还包含了堆栈和寄存器组。其存储区类型标识符为 data，可直接寻址低 128B 的内部数据存储区存储的变量，应用实例如例 2-1 所示；bdata 区是 data 区中的位寻址区，位变量的声明对状态寄存器来说十分有用，因为它仅仅可能需要使用某一位，而不是整字节，其存储区类型标识符 bdata，指内部可寻址的 16B 存储区（20H 到 2FH），应用实例如例 2-2 所示；idata 区可存放使用比较频繁的变量，使用寄存器作为指针进行寻址，即在寄存器中设置 8 位地址进行间接寻址，速度比直接寻址慢，其应用实例如例 2-3 所示。

例 2-1　data 区变量的声明举例。

```
unsignedchar data system_status=0;
unsigned int data unit_id[2];
char data inp_string[16];
float data outp_value;
mytype data new_var;
```

标准变量和用户自声明变量都可存储在 data 区中，只要不超过 data 区的范围即可，因为 C51 使用默认的寄存器组来传递参数，这样 data 区至少失去 8B 的空间。当内部堆栈溢出时，程序会莫名其妙地复位，这是因为 51 系列单片机没有硬件报错机制，堆栈的溢出只能以这种方式表示出来，因此要声明足够大的堆栈空间以防止溢出。

例 2-2　bdata 区变量的声明举例。

```
unsignedchar bdata status_byte;
unsigned int bdata status_word;
unsigned long bdata status_dword;
sbit stat_flag=status_byte^4;
if(status_word^15{
…}
Stat_flag=1;
```

编译器不允许在 bdata 区声明 float 和 double 的变量。如果想对浮点数的每一位寻址，可以通过包含 float 和 long 的联合体来实现，如：

```
Mytypedef union{
unsigned long lvalue;float fvalue;
}bit_float;
Bit_flaot bdata myfloat;
Sbit float_id=myfloat^31
```

例 2-3 idata 区变量的声明举例。

```
unsignedchar idata system_status=0;
unsigned int idata unit_id[2];
char idata inp_string[16];
float idata outp_value;
```

3. 外部数据存储区

pdata 和 xdata 属于外部数据存储区,外部数据存储区是可读写的存储区,最多可有 64KB,当然这些地址不是必须用作存储区的,访问外部数据存储区比访问内部存储区慢,因为外部数据存储区是通过数据指针加载地址来间接访问的。

外部数据存储区变量的声明和其他区一样,xdata 存储类型标识符可以指定外部数据区 64KB 内的任何地址,而 pdata 存储类型标识符仅指定 1 页或 256B 的外部数据区。C51 中对两个区的操作是相似的,对 pdata 区的寻址比对 xdata 区的寻址要快,所以尽量要把外部数据存储在 pdata 区中。其应用实例如例 2-4 所示。

例 2-4 外部数据存储区变量的声明举例。

```
char data var1;
char code text[] = "ENTER PARAMETER";
unsigned long xdata array[100];
float idata x,y,z;
unsigned int pdata dimension;
unsigned char xdata vector[10][4][4];
char bdata flags;
```

在变量的声明中,可以包括存储器类型和 signed 或 unsigned 属性。如果在变量的定义中,没有包括存储器类型,将自动选用默认或暗示的存储器类型。暗示的存储器类型适用于所有的全局变量和静态变量,还有不能分配在寄存器中的函数参数和局部变量。默认的存储器类型由编译器的参数 SMALL,COMPACT 及 LARGE 决定。这些参数定义了编译时使用的存储模式。

2.2.4 存储模式

存储模式决定了默认的存储器类型,此存储器类型将应用于函数参数。局部变量和定义时未包含存储器类型的变量。可以在命令行用 SMALL,COMPACT 和 LARGE 参数定义存储模式。定义变量时,使用存储器类型显式定义将屏蔽默认存储器类型。例如:

```
Void fun1(void) small { };
```

1. 小模式(SMALL)

所有变量都默认在 8051 的内部数据存储器中。这和用 data 显式定义变量起到相同的作用。在此模式下,变量访问是非常快速的。然而,所有数据对象,包括堆栈都必须放在内部 RAM 中。堆栈空间面临溢出,因为堆栈所占用多少空间依赖于各个子程序的调用嵌套深度。在典型应用中,如果具有代码分段功能的 BL51 连接/定位器被配置成覆盖内部数据存储器中的变量时,此 SMALL 模式是最好的选择。

2. 紧凑模式(COMPACT)

此模式中,所有变量都默认在 8051 的外部数据存储器的一页中,地址的高字节往往通过 Port 2 输出,其值必须在启动代码中设置,编译器不会设置。这和用 pdata 显式定义变量起到相同的作用。此模式最多只能提供 256B 的变量,这种限制来自于间接寻址所使用的存储器 R0,R1(例如:MOVX @R0/R1),这种模式不如 SMALL 模式高效,所以变量的访问不够快,不过它比 LARGE 模式要快。

3. 大模式(LARGE)

在大模式下,所有的变量都默认在外部存储器中(xdata)。这和用 xdata 显式定义变量起到相同的作用。数据指针(DPTR)用来寻址。通过 DPTR 进行存储器的访问的效率很低,特别是在对一个大于 1B 的变量进行操作时尤为明显。此数据访问类型比 SMALL 和 COMPACT 模式需要更多的代码。

2.2.5 指针

C51 编译器支持用星号(*)进行指针声明。可以用指针完成在标准 C 语言中有的所有操作。另外,由于 8051 及其派生系列所具有的独特结构,C51 编译器支持两种不同类型的指针:存储器指针和通用指针。

1. 通用指针

通用或未定型的指针的声明和标准 C 语言中一样,如:

```
char * s; /* string ptr */
int * numptr; /* int ptr */
long * state; /* long ptr */
```

通用指针主要有以下三个特点:

(1) 总是需要三个字节来存储。第一个字节用来表示存储器类型,第二个字节是指针的高字节,第三字节是指针的低字节。

(2) 可以用来访问所有类型的变量,而不管变量存储在哪个存储空间中,因而许多库函数都使用通用指针。通过使用通用指针,一个函数可以访问数据,而不用考虑它存储在什么存储器中。

(3) 很方便但同时也很慢。在所指向目标的存储空间不明确的情况下,它们用得最多。

2. 存储器指针

存储器指针或类型确定的指针在定义时包括一个存储器类型说明,并且总是指向此说明的特定存储器空间。例如:

```
char data * str; /* ptr to string in data */
int xdata * numtab; /* ptr to int(s) in xdata */
long code * powtab; /* ptr to long(s) in code */
```

正是由于存储器类型在编译时已经确定,通用指针中用来表示存储器类型的字节就不再需要了。指向 idata,data,bdata 和 pdata 的存储器指针用一个字节保存。指向 code 和 xdata 的存储器指针用两个字节保存。使用存储器指针比通用指针效率要高,速度要快。当然,存储器指针的使用不是很方便,在所指向目标的存储空间明确并不会变化的情况下,它们用得最多。

3. 存储器指针和通用指针的比较

使用存储器指针可以显著提高 8051 C 程序的运行速度。下面的示例程序说明了使用不同的指针在代码长度、占用数据空间和运行时间上的不同。表 2-13 给出了存储器指针和通用指针的比较结果。

表 2-13　存储器指针和通用指针的比较

Description	Idata Pointer	Xdata Pointer	Generic Pointer
C 源程序	idata ＊ip; char val; val = ＊ip;	char xdata ＊xp; char val; val = ＊xp;	char ＊p; char val; val = ＊xp;

编译后的代码	MOV R0,ip
	MOV val,@R0
		MOV DPL,xp +1
		MOV DPH,xp
		MOV A,@DPTR
		MOV val,A
			MOV R1,p + 2
			MOV R2,p + 1
			MOV R3,p
			CALL CLDPTR

指针大小	1B	2B	3B
代码长度	4B	9B	11B+ library call
执行时间	4 cycles	7 cycles	13 cycles

4. 指针转换

C51 编译器可以在指定存储区指针和通用指针之间转换,指针转换可以用类型转换的直接程序代码来强迫转换,或在编译器内部强制转换。当把指定存储区指针作为参数传递给要求使用通用指针的函数时,C51 编译器就把指定存储区指针转换为通用指针,如例 2-5 中 printf、sprintf 和 gets 等通用指针作为参数的函数。

例 2-5　指针转换举例。

```
externint print(void ＊format,…);
extern int myfunc(void code ＊p,int xdata ＊pq);
int xdata ＊px;
char code ＊fmt= ＊value=%dl%4XH\n;
void debuf_print(void)
{
printf(fmt, ＊px, ＊px);
myfunc(fmt,px);
}
```

在调用 printf 中,参数 fmt 代表 2B code 指针,自动转换或强迫转换成 3B 的通用指针。

5. 绝对指针

绝对指针类型可访问任何存储区的存储区地址,也可以用绝对指针调用定位在绝对或固定地址的函数。

例 2-6 举例说明绝对地址类型。

```
charxdata * px;     //指向 xdata 区的指针
charidata * pi;     //指向 idata 区的指针
charcode * pc;      //指向 code 区的指针
charc;              //data 区的 char 型变量
int i;              //data 区的 int 型变量
```

2.2.6 重入函数

8051 单片机内部堆栈空间有限,C51 没有像大系统那样使用调用堆栈。一般在 C 语言中,调用函数时会将函数的参数和函数中使用的局部变量入栈。为了提高效率,C51 没有提供这种堆栈方式,而是提供一种压缩栈的方式,即为每一个函数设定一个空间用于存放局部变量。

重入函数是一种可以在函数体内间接调用其自身的函数,重入函数可被递归调用和多重调用而不用担心变量被覆盖,这是因为每次函数调用时其局部变量会被单独保存起来。多个进程可以同时使用一个重入函数。当一个重入函数被调用运行时,另外一个进程可能中断此运行过程,然后再次调用此重入函数。通常情况下,C51 函数不能被递归调用,也不能应用导致递归调用的结构。有此限制是由于函数参数和局部变量是存储在固定的地址单元中。

例 2-7 重入函数声明举例。

```
int calc (char i, int b) reentrant
{
    int x;
    x = table [i];
    return (x * b);
}
```

例 2-7 中重入函数关键字为 reentrant,重入函数格式为:

函数说明函数名(形式参数) reentrant

重入函数可以被递归调用,也可以同时被两个或更多的进程调用,但不能传递 bit 类型参数。重入函数在实时应用中及中断服务程序代码和非中断程序代码必须共用一个函数的场合中经常用到。对每一个重入函数来说,根据存储模式,重入堆栈被安置在内部或外部单元中。

2.2.7 中断服务程序

8051 单片机的中断系统十分重要,C51 编译器允许用 C 语言创建中断服务程序。仅仅只需要关心中断号和寄存器组的选择。编译器自动产生中断向量和程序的入栈及出栈代码。在函数声明时包括 interrupt 关键字和中断编号 0～31,并把所声明的函数定义为一个中断服务程序,中断编号告诉编译器中断程序的入口地址,它对应着 IE 寄存器中的使能位,即 IE 寄存器的 0 位对应外部中断 0,相应的外部中断 0 的中断编号是 0。

当正在执行一个特定任务时,可能有更紧急的任务需要 CPU 处理,这就涉及到中断优先级。高优先级中断可以中断正在处理的低优先级中断程序,因而最好给每种优先级程序分配不同的寄存器组。C51 中可以用 using 定义此中断服务程序所使用的寄存器组，using 后的变量为 0～3 的常整数，分别表示 8051 单片机内的 4 个寄存器组。

例 2-8 中断服务程序的完整语法示例。

```
unsigned int interruptcnt;
unsigned char second;
void timer0 (void) interrupt 1 using 2
{
    if (++interruptcnt == 4000)
    { /* count to 4000 */
        second++; /* second counter */
        interruptcnt = 0; /* clear int counter */
    }
}
```

2.2.8 参数传递

C51 编译器能在 CPU 寄存器中传递最多三个参数，由于不用从存储器中读出和写入参数，从而显著提高了系统性能。参数传递由 REGPARMS 和 NOREGPARMS 编译参数所控制。表 2-14 列出了不同的参数和数据类型所占用的寄存器。

表 2-14 不同的参数和数据类型所占用的寄存器

参数	char	int	long	generic
数目	1B pointer	2B pointer	float	pointer
1	R7	R6 & R7	R4～R7	R1～R3
2	R5	R4 & R5		
3	R3	R2 & R3		

如果没有 CPU 寄存器供参数传递所用，或太多的参数需要传递时，地址固定的存储器将用来存储这些额外的参数。

2.2.9 函数返回值

函数返回值总是通过 CPU 寄存器进行，表 2-15 列出了返回各种数据时所用的 CPU 寄存器名。

表 2-15 函数返回值所用寄存器

返回数据类型	寄存器	描 述
bit	Carry Flag	
char, unsigned char, 1-byte pointer	R7	
int, unsigned int, 2-byte pointer	R6 & R7	MSB in R6, LSB in R7
long, unsigned long	R4－R7	MSB in R4, LSB in R7
float	R4－R7	32b IEEE format
generic pointer	R1－R3	Memory type in R3, MSB R2, LSB R1

2.2.10 寄存器优化

根据程序前后的联系，C51 编译器分配最多 7 个寄存器来存储寄存器变量。C51 编译器能分析每个程序模块中对寄存器的修改。连接程序产生一个全局的、项目级的寄存器文件,此文件包含被外部程序改变的所有寄存器的信息。因而,C51 编译器知道整个应用中每个函数所使用的寄存器,并能为每个 C 函数优化分配 CPU 寄存器。

2.2.11 对实时操作系统的支持

C51 编译器很好地集成了 RTX-51 Full 和 RTX-51 Tiny 多任务实时操作系统。任务描述表在连接过程中控制和产生。

2.2.12 和汇编语言的接口

C51 可以很容易地在 C 程序中调用汇编程序。函数参数通过 CPU 寄存器传递,或使用 NOREGPARMS 参数指示编译器通过固定的存储器传递。从函数返回的值总是通过 CPU 寄存器传递。除了直接产生目标代码外,还可以用 SRC 编译参数指示编译器产生汇编源代码文件(供 A51 汇编器使用)。例如下面的 C 语言源代码:

```
unsigned int asmfunc1 (unsigned int arg)
{
    return (1 + arg);
}
```

用 SRC 指示 C51 编译器编译时产生以下汇编文件:

```
? PR? _asmfunc1? ASM1 SEGMENT CODE
PUBLIC asmfunc1
    RSEG ? PR? _asmfunc1? ASM1
    USING 0
asmfunc1:
;--- Variable 'arg? 00 'assigned to Register 'R6/R7 '----
    MOV A,R7 ; load LSB of the int
    ADD A,#01H ; add 1
    MOV R7,A ; put it back into R7
    CLR A
    ADDC A,R6 ; add carry & R6
    MOV R6,A
? C0001:
RET ; return result in R6/R7
```

有时候需要用汇编语言来编写程序,如对硬件进行操作或在一些对时钟要求很严格的场合,但又不希望用汇编语言来编写全部程序或调用汇编语言编写的函数,就可以通过预编译指令"asm"在 C51 语言程序中插入汇编指令。可以用#pragma asm 和#pragma endasm 预处理指示器来完成。

例 2-9 C51 与汇编模块内接口示例。

```
#include<reg51.h>
Extern unsigned char code newval[256];
voidfunc1(unsigned char param)
{
```

```
Unsigned char temp;
Temp=newval[param];
Temp*=2;
Temp/=3;
#pragma asm
MOV P1,R7
NOP
NOP
MOV P1,#0
#pragma endasm
}
```

2.2.13 和 PL/M-51 的接口

Intel 的 PL/M-51 是一种流行的编程语言，在很多方面和 C 语言类似。很容易就可以将 C 程序和 PL/M-51 程序连接起来。

在用 alien 声明 PL/M-51 函数后，就可以从 C 语言中调用它们。所有在 PL/M-51 模块中定义的全局变量都可以在 C 语言程序中使用。例如：

```
extern alien char plm_func (int, char);
```

PL/M-51 编译器和 Keil Software 工具都产生 OMF51 格式的目标文件。连接程序使用 OMF51 文件来处理外部字符变量，而不管它们在什么地方声明和使用。

2.2.14 代码优化

C51 是一个杰出的优化编译器，它通过很多步骤以确保产生的代码是最有效率的(最小或最快)。编译器通过分析初步的代码产生最终的最有效率的代码序列，以此来保证 C 语言程序占用最少空间的同时运行得快而有效。

C51 编译器提供 9 个优化级别。每个高一级的优化级别都包括比它低的所有优化级别的优化内容。以下列出的是目前 C51 编译器提供的所有优化级别的内容：

(1) 常量折叠：在表达式及寻址过程中出现的常量被综合为一个单个的常量。

(2) 跳转优化：采用反转跳转或直接指向最终目的的跳转，从而提升了程序的效率。

(3) 哑码消除：永远不可能执行到的代码将自动从程序中剔除。

(4) 寄存器变量：只要可能，局部变量和函数参数被放在 CPU 寄存器中，不需要为这些变量再分配存储器空间。

(5) 通过寄存器传递参数：最多三个参数通过寄存器传递。

(6) 消除全局公用的子表达式：只要可能，程序中多次出现的相同的子表达式或地址计算表达式将只计算一次。

(7) 合并相同代码：利用跳转指令，相同的代码块被合并。

(8) 重复使用入口代码：需要多次使用的共同代码被移到子程序的前面以缩减代码长度。

(9) 公共块子程序：需要重复使用的多条指令被提取组成子程序。指令被重新安排以最大化一个共用子程序的长度。

2.2.15 C51 对 8051 的特殊优化

(1) 窥孔优化:当能够缩小代码空间或执行时间时,复杂的操作被简单的操作代替。

(2) 访问优化:常量和变量被计算后直接包含在操作中。

(3) 扩展访问:优化用 DPTR 做存储器指针来增加代码的密度。

(4) 数据覆盖:一个函数的数据和位变量空间是可覆盖的,BL51 连接器将采用覆盖技术来分配变量空间。

(5) Case/Switch 优化:根据使用的数字、序列和位置,用跳转表或一连串的跳转指令来优化 switch 及 case 结构。

2.2.16 代码生成选项

(1) 空间优化。公共 C 操作被子程序代替,以程序执行速度的降低来换取程序代码空间的缩减。

(2) 时间优化。公共 C 操作被嵌入到程序中,以程序代码空间的增加来换取程序执行速度的提高。

(3) 不用绝对寄存器。不用绝对寄存器地址访问,程序代码依赖于寄存器的分段。

(4) 不用寄存器传递参数。用局部数据段来传递参数,而不用寄存器。这是为了兼容早期版本的 C51 编译器、PL/M-51 编译器和 ASM-51 汇编器。

2.2.17 调试

C51 编译器使用 Intel 目标格式(OMF51)来产生目标文件和全部的字符变量信息。而且,编译器还包含所有必要的信息,如变量名、函数名、行数以及 uVision2 调试器或任何兼容 Intel 格式的仿真器,用来逐条、彻底地调试和分析程序所需要的信息。

另外,使用 OBJECTEXTEND 参数可以指示编译器产生附加的变量类型信息到目标文件中。这样,利用相应的仿真器就可以显示变量和结构的数据信息。可以向仿真器供应商询问是否支持 Intel OMF51 格式和 Keil 软件生成的目标模块。

2.2.18 库函数

C51 编译器包含有 ANSI 标准的 7 个不同的的编译库,从而满足不同功能的需要,C51 库函数功能描述如表 2-16 所列。C51 编译器中和硬件相联系的输入/输出操作的库函数模块的源代码文件位于\KEIL\C51\LIB 文件夹中。可以利用这些文件来修改库以适应目标板上的任何器件的输入/输出操作。

表 2-16 C51 库函数功能

库文件	描 述	库文件	描 述
C51S. LIB	小模式库不支持浮点运算	C51L. LIB	大模式库不支持浮点运算
C51FPS. LIB	小模式库支持浮点运算	C51FPL. LIB	大模式库支持浮点运算
C51C. LIB	紧凑模式库不支持浮点运算	80C751. LIB	Philips 8xC751 及其派生系列使用的库
C51FPC. LIB	紧凑模式库支持浮点运算		

2.2.19 内连的库函数

本编译器的库中包含一定数量的函数是内连函数，如表 2-17 所列。内连函数不产生 ACALL 或 LCALL 指令来执行库函数。以下的内连函数产生内连的代码，因而它比一个调用函数要快而有效。

表 2-17 C51 内连的库函数

内连函数	描　述	内连函数	描　述
crol	字节左移	_lrol_	长整数左移
cror	字节右移	_lror_	长整数右移
irol	整数左移	_nop_	空操作
iror	整数右移	_testbit_	判断并清除 8051 JBC 指令

2.2.20 编译器的调用

通常情况下，当创建项目时，C51 编译器由 uVision2 IDE 调用。当然，也可以在 DOS 方式在命令行键入 C51 来运行。C 源程序文件名必须和编译控制参数一起在命令行输入，如：

```
>C51 MODULE.C COMPACT PRINT (E:M.LST) DEBUG SYMBOLS
C51 COMPILER V6.00
C51 COMPILATION COMPLETE. 0 WARNING(S), 0 ERROR(S)
```

编译器控制参数可以在命令行输入，也可以在文件中的开头用#pragma 定义。

2.3 A51 宏汇编器

A51 是一个 8051MCU 系列的宏汇编器，它把汇编语言翻译成机器代码。A51 汇编器允许定义程序中的每一个指令，在需要极快的运行速度，很小的代码空间，精确的硬件控制时使用。汇编器的宏特性让公共代码只需要开发一次，从而节约了开发和维护的时间。

2.3.1 源码级调试

A51 汇编器在生成的目标文件中包含全部的行号、字符及其类型的信息。这让调试器能够精确显示程序变量。行号是为了 uVision2 调试器或第三方仿真器源代码级调试汇编过的程序时使用的。

2.3.2 功能一览

A51 汇编器翻译汇编源程序为可重定位的目标代码。它产生一个列表文件，其中可以包含或不包含字符表及交叉参考信息。A51 汇编器支持两种宏处理：

(1) 标准的宏处理。标准的宏处理是一个比较容易使用的宏处理，它允许在 8051 汇编代码中定义和使用宏。它的标准的宏语法和其他许多汇编器中使用的相同。

(2) 宏处理语言(MPL)。MPL 是一个和 Intel ASM51 宏处理兼容的字符串替换工具。MPL 有几个预先定义好的宏处理功能来执行一些有用的操作，如字符串处理或数字处理。

A51 汇编器宏处理的另一个有用的特性是根据命令行参数或汇编符号进行条件汇编。代码段的条件汇编能帮助实现最紧凑的代码。它可以从一个汇编源代码文件产生不同的应用。

2.3.3 列表文件

下面是汇编器产生的列表文件的例子,如图 2-4 所示。具体说明如下:

(1) A51 汇编器产生一个列表文件,包括行号、汇编时的时间和日期。关于汇编器运行和目标文件产生的信息被记录下来。

(2) 通常情况下,程序从 EXTERN,PUBLIC 和 SEGMENT 指示器开始。列表文件包含了每个源代码的行号及每行产生的代码。

(3) 列表文件包含了错误和告警信息,错误和告警的位置被明显地标识出来。

(4) 选择在 uVision 2-Options for Target - Listing 中的 Cross Reference 选项,将在列表文件列出源程序中所用到的所有字符。

(5) 存储器组的占用信息和程序中的错误和告警总数包括在文件的结尾处。

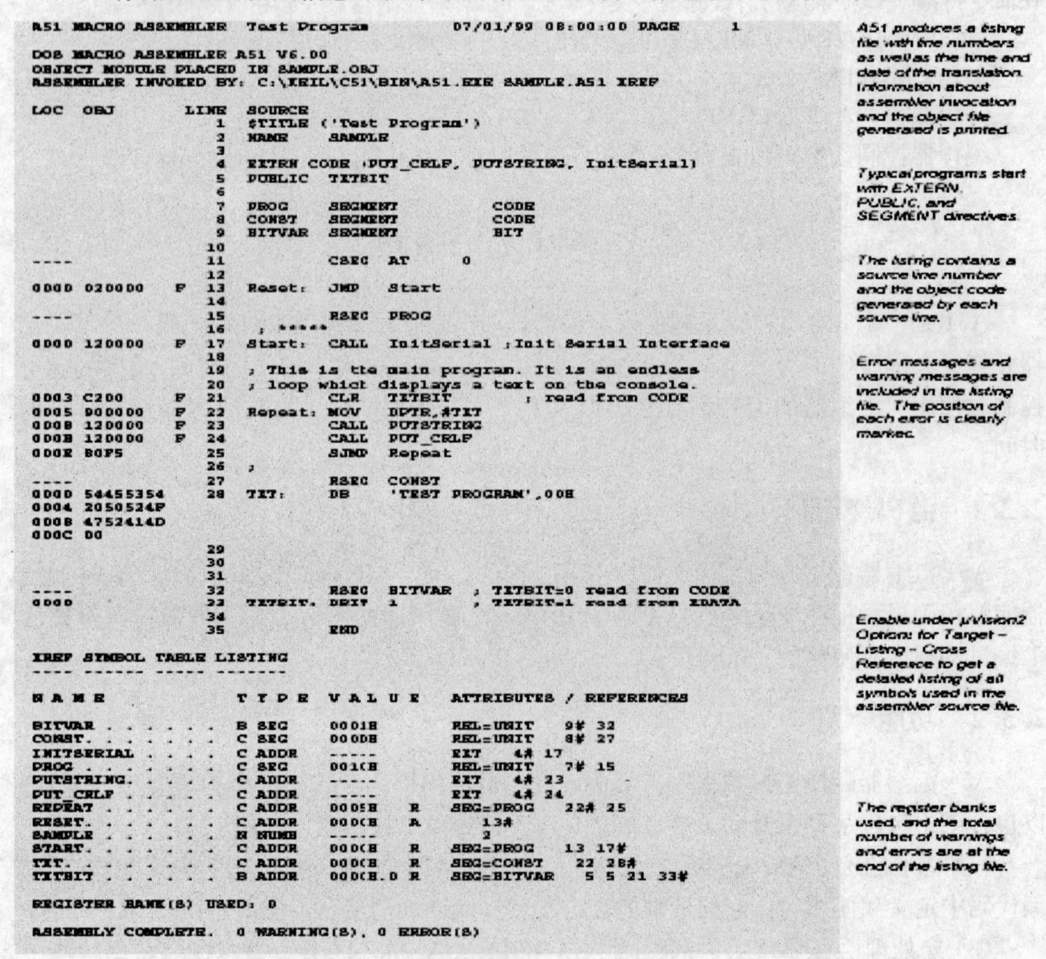

```
A51 MACRO ASSEMBLER  Test Program          07/01/99 08:00:00 PAGE      1

DOS MACRO ASSEMBLER A51 V6.00
OBJECT MODULE PLACED IN SAMPLE.OBJ
ASSEMBLER INVOKED BY: C:\KEIL\C51\BIN\A51.EXE SAMPLE.A51 XREF

LOC  OBJ          LINE  SOURCE
                    1   $TITLE ('Test Program')
                    2   NAME     SAMPLE
                    3
                    4   EXTRN CODE (PUT_CRLF, PUTSTRING, InitSerial)
                    5   PUBLIC   TXTBIT
                    6
                    7   PROG     SEGMENT            CODE
                    8   CONST    SEGMENT            CODE
                    9   BITVAR   SEGMENT            BIT
                   10
----               11            CSEG   AT      0
                   12
0000 020000     F  13   Reset:   JMP    Start
                   14
----               15            RSEG   PROG
                   16    ; *****
0000 120000     F  17   Start:   CALL   InitSerial ;Init Serial Interface
                   18
                   19   ; This is the main program. It is an endless
                   20   ; loop which displays a text on the console.
0003 C200       F  21            CLR    TXTBIT          ; read from CODE
0005 900000     F  22   Repeat:  MOV    DPTR,#TXT
0008 120000     F  23            CALL   PUTSTRING
000B 120000     F  24            CALL   PUT_CRLF
000E 80F5          25            SJMP   Repeat
                   26   ;
----               27            RSEG   CONST
0000 54455354      28   TXT:     DB     'TEST PROGRAM',00H
0004 2050524F
0008 4752414D
000C 00
                   29
                   30
                   31
----               32            RSEG   BITVAR    ; TXTBIT=0 read from CODE
0000               33   TXTBIT:  DBIT   1         ; TXTBIT=1 read from XDATA
                   34
                   35            END

XREF SYMBOL TABLE LISTING
---- ------ ----- -------

N A M E              T Y P E  V A L U E    ATTRIBUTES / REFERENCES

BITVAR . . . . . .   B SEG    0001H        REL=UNIT    9# 32
CONST. . . . . . .   C SEG    000DH        REL=UNIT    8# 27
INITSERIAL . . . .   C ADDR   -----        EXT    4# 17
PROG . . . . . . .   C SEG    001CH        REL=UNIT    7# 15
PUTSTRING. . . . .   C ADDR   -----        EXT    4# 23
PUT_CRLF . . . . .   C ADDR   -----        EXT    4# 24
REPEAT . . . . . .   C ADDR   0005H    R   SEG=PROG    22# 25
RESET. . . . . . .   C ADDR   0000H    A      13#
SAMPLE . . . . . .   N NUMB   -----           2
START. . . . . . .   C ADDR   0000H    R   SEG=PROG    13 17#
TXT. . . . . . . .   C ADDR   0000H    R   SEG=CONST    22 28#
TXTBIT . . . . . .   B ADDR   0000H.0  R   SEG=BITVAR    5 5 21 33#

REGISTER BANK(S) USED: 0

ASSEMBLY COMPLETE.  0 WARNING(S), 0 ERROR(S)
```


图 2-4 C51 汇编器生成的示例列表文件

2.4 BL51 具有代码分段功能的连接/重定位器

本 BL51 是具有代码分段功能的连接/重定位器，它组合一个或多个目标模块成一个 8051 的执行程序。此连接器处理外部和全局数据，并将可重定位的段分配到固定的地址上。本 BL51 连接器处理由 Keil C51 编译器、A51 汇编器和 Intel PL/M-51 编译器、ASM-51 汇编器产生的目标模块。连接器自动选择适当的运行库并连接那些用到的模块。也可以在命令行上输入相应的目标模块的名字的组合来运行本连接器。BL51 连接器默认的控制参数是经过仔细选择的，因而不需要定义附加的控制参数就可以适应大多数应用。当然，也可以很容易为应用做特定的设置。

2.4.1 数据地址管理

连接器通过覆盖那些不会同时使用的函数变量的技术来管理 8051 有限的内部存储器资源，这极大地降低了大多数应用对存储器的需求。BL51 连接器分析函数间的引用以决定存储的覆盖策略。可以用 OVERLAY 指示器来人为控制函数间的引用，这些引用被连接器用来确定哪些存储器单元是独占的。NOOVERLAY 指示器让 BL51 不进行覆盖连接，这在使用间接调用的函数时或为了调试而禁止覆盖时比较有用。

2.4.2 代码分段

BL51 连接器支持创建程序空间大于 64KB 的应用。既然 8051 不能直接操作大于 64KB 的代码地址空间，就必须由外部硬件来交换代码段。完成此功能的硬件必须要在 8051 中运行的程序的控制中。这就是所谓的段(块)切换。

BL51 连接器可以让用户管理一个公共的区域和 32 个最大 64KB 空间的块，从而达到总共 2MB 的分段程序空间。支持外部硬件块切换的软件包括的一个汇编程序可以由用户来编辑，以适应应用中的特定硬件平台。

BL51 连接器让用户定义哪个段装载哪个特定的程序模块。通过仔细考虑，把各个函数分配到不同的段中来创建一个非常大而有效的应用。

1. 公共段

段切换程序中的公共段是一块在任何时候，在所有的段中都可以访问的存储器。此公共段在物理上就不能切换出局或变换地址空间。

在公共段中的代码可以复制到每个段中(如果切换整个程序空间)或驻留在一个独立的地址空间或器件中，公共段不用切换。

公共段包含那些必须在所有时候都要用到的程序段和常量。它还可以包括经常使用的代码。默认情况下，以下的代码内容将自动分配在公共段中：

(1) 复位和中断向量。

(2) 代码常量。

(3) C51 中断服务进程。

(4) 分段开关跳转表。

(5) 一些 C51 实时运行库函数。

2. 执行其他段中的程序

分段代码空间是通过附加的由软件控制的地址线控制的，这些地址线可以是由 8051 的 I/O 端口或位于存储器空间的锁存器来模拟。BL51 连接器为位于其他段中的函数生成一个跳转表，当用 C 语言调用一个位于不同的段中的函数时，它要先切换段，再跳到目标程序运行，完成后再回到调用的那个段中去，并继续往下执行。这种段切换处理需要附加的 50 个 CPU 指令周期和占用 2B 的堆栈空间。

如果把相关的函数分配在相同的段中将显著地提高系统的性能，那些需要从多个段中经常调用的函数应该位于公共段中。

2.4.3 映像文件

下面是 BL51 产生的一个例子文件：

(1) BL51 产生一个包含连接时的时间和日期的映像文件（*.M51）。

(2) BL51 显示调用的命令和存储模式。

(3) 应用中包含的每个模块和库模块被列出来。

(4) 存储器映像文件包含 8051 实际存储器的使用信息。

(5) 覆盖映像图显示了程序结构和每个函数的数据和位段。

(6) 错误和告警总数包括在文件的结尾处，这些映像图指出在连接定位时可能面临的问题。

LIB51 库管理器：库管理器让用户建立和维护库文件。一个库文件是格式化的目标模块（由编译器或汇编器产生的）集合，库文件提供了一个方便的方法来组合和使用大量的连接程序可能用到的目标模块。利用 uVision2 项目管理器的 Options for Target - Output - Create Library 选项可以建造一个库。

使用库有一系列优点。安全、高速和减少磁盘空间仅仅是使用库的一小部分原因。另外，库提供了一个好的分发大量函数而不用分发大量函数源代码的手段。例如，ANSI C 的库是作为一套库文件提供的。

uVision2 项目 C:\KEIL\C51\RTX_TINY\RTX_TINY.UV2 允许修改和创建 RTX51 小型实时操作系统库。设计者很容易创建自己的库，用于包括像串行 I/O、CAN 和闪存操作这样一些一次又一次要用到的流程。一旦这些流程调试无误后，就可以把它们转换成库。由于库只包含目标模块，不用在每个项目中重新编译这些模块，所以生成应用的时间将缩短。

库中的模块仅仅在需要的时候才被提取加到程序中，没有被应用调用的库函数不会出现在最终结果中。连接器把从库中提取出来的模块和其他目标模块做同样的处理。

2.5 OC51 分段目标文件转换器

OC51 转换器为一个分段目标模块中的每一个代码段创建绝对的目标模块。分段目标模块是用户生成一个分段代码切换应用时由 BL51 创建的。字符变量的调试信息被复制到转换后的绝对目标模块中，以便给 uVision2 调试器和其他仿真器使用。可以从命令行用 OC51 去为分段目标模块中的每一个代码段创建绝对目标模块，然后还可以用

OH51(目标代码到 HEX 文件的转换器)为每一个绝对目标模块产生相应的 Intel HEX 格式的文件。

2.6 OH51 目标代码到 HEX 文件的转换器

转换器为绝对目标模块创建 Intel HEX 格式的文件。绝对目标模块可以由 BL51 或 OC51 产生。Intel HEX 文件是 ASCII 文件用十六进制的数表示用户的应用系统的目标模块。它们可以很容易地下载到编程器,以便写入 EPROM 器件。

2.7 事例:建立工程

按如下步骤来建立一个新的工程:

(1) 单点 Project 菜单,选择 New Project 命令,如图 2-5 所示。

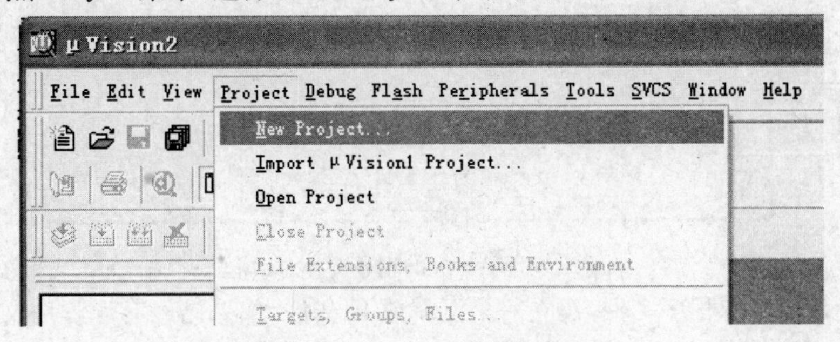

图 2-5 uVision2 新工程建立界面

(2) 选择要保存的路径,输入工程文件的名字,如保存到 Keil 目录里,工程文件的名字为 test,如图 2-6 所示,然后单击“保存”按钮。

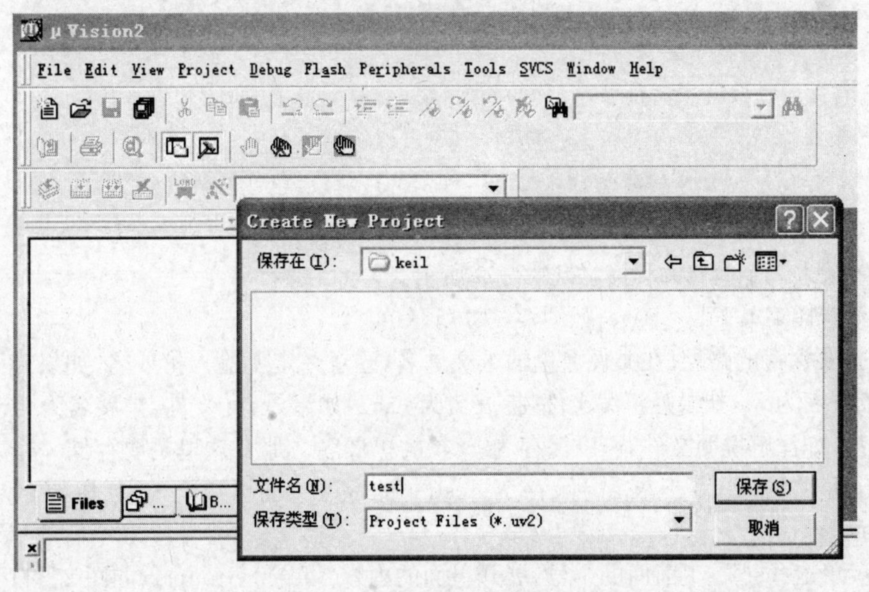

图 2-6 uVision2 工程文件保存界面

(3)弹出一个对话框，要求选择单片机的型号，可以根据使用的单片机来选择，Keil C51 几乎支持所有的 51 核的单片机，这里以用得比较多的 ATMEL 公司的 AT89C52 为例来说明，如图 2-7 所示，选择 AT89C52 之后，右边一栏是对这个单片机的基本的说明，然后单击"确定"按钮。

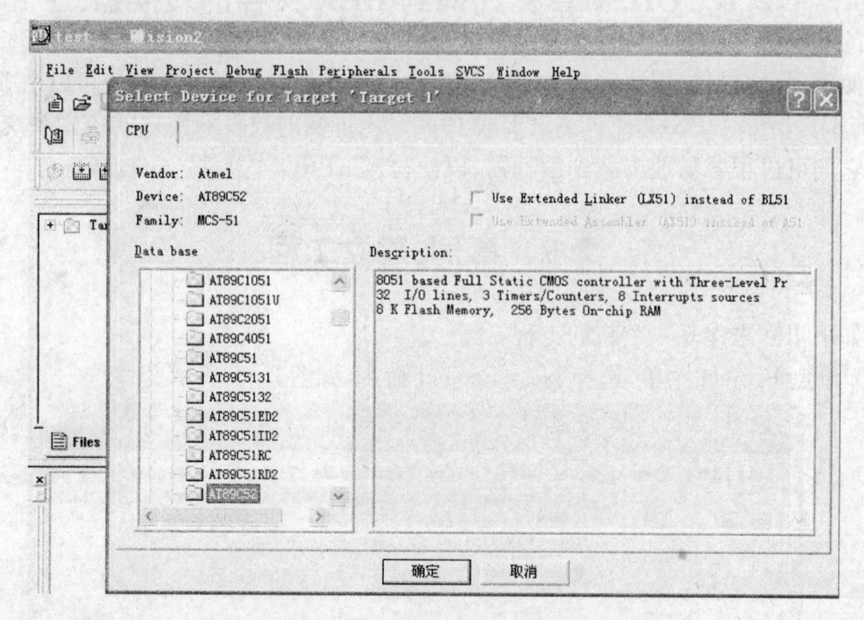

图 2-7　单片机的型号选择对话框

(4) 新建一个源程序文件，建立一个汇编或 C 文件，如果已经有源程序文件，可以忽略这一步。单击菜单 File→New，如图 2-8 所示。

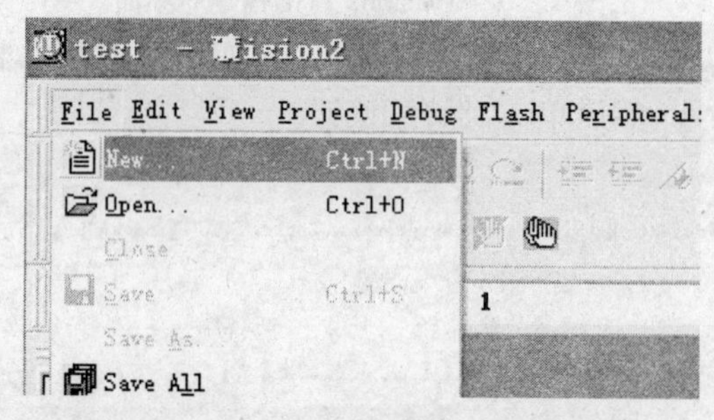

图 2-8　新建源程序文件界面

(5) 输入一个简单的程序，如图 2-9 所示。

(6) 选择菜单 File→Save，如图 2-10 所示。

选择要保存的路径，在文件名里输入文件名，注意一定要输入扩展名，如果是 C 程序文件，扩展名为 .c，如果是汇编文件，扩展名为 .a51，如果是 ini 文件，扩展名为 .ini，其他文件类型，如注解说明文件，可以保存为 .txt 的扩展名。那么这里是要存储一个 C 源程序文件，所以输入 .c 扩展名，保存为 test.c 的名字（也可以保存为其他名字），单击"保存"。

(7) 单击 Target 1 前面的+号，展开里面的内容 Source Group 1，如图 2-11 所示。

(8) 用右键单击 Source Group 1，弹出一个菜单，选择 Add Files to Guoup 'Source

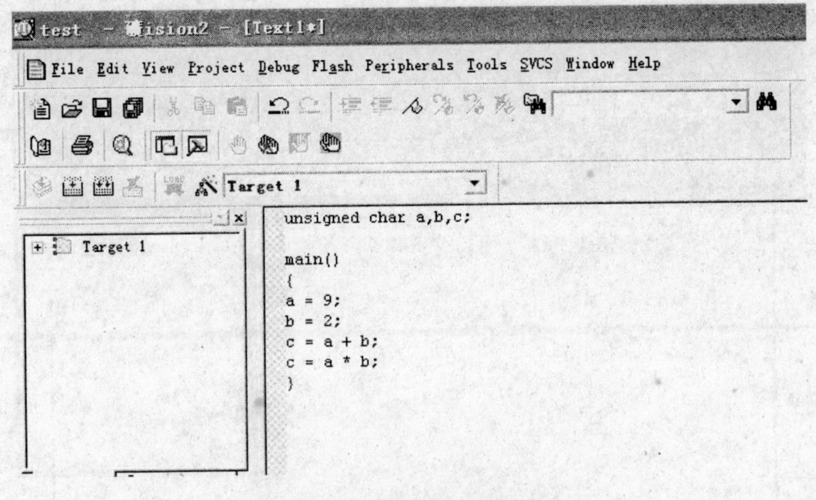

图 2－9　源程序输入编辑界面

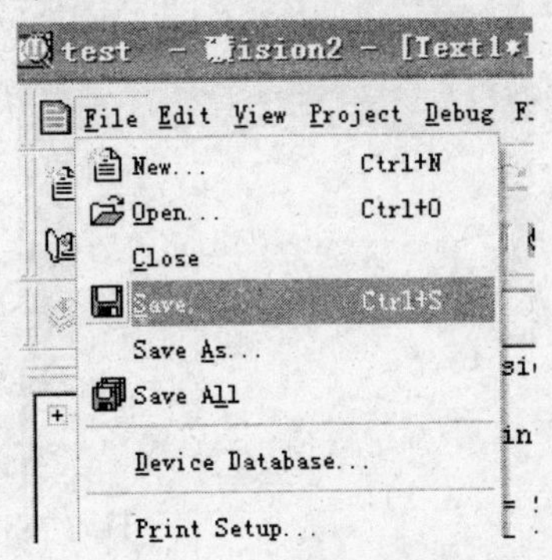

图 2－10　文件存盘界面

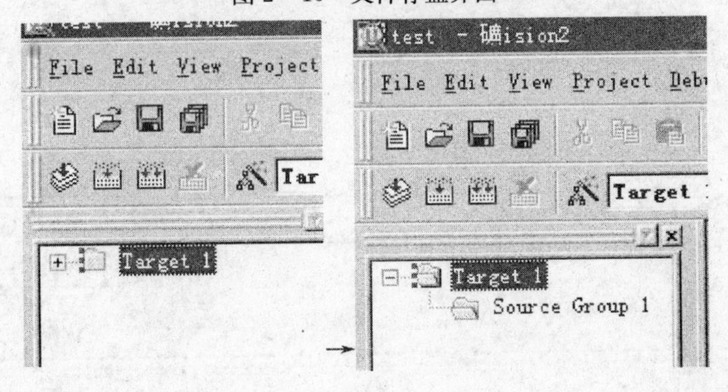

图 2－11　展开 Target 1

Group 1’，如图 2－12 所示。

(9) 选择 test. c 文件，如图 2－13 所示。

文件类型选择 C Source file(*. c)，因为是 C 程序文件，所以选择该类型；如果是汇编文件，就选择 asm source file；如果是目标文件，选择 Object file；如果是库文件，选择 Library file。最后单击“Add”，此时窗口不会消失(如果要添加多个文件，可以不断添加)，添加完毕，单击“Close”关闭该窗口，如图 2－14 所示。

这时在 Source Group 1 里就有 test. c 文件，如图 2－15 所示。

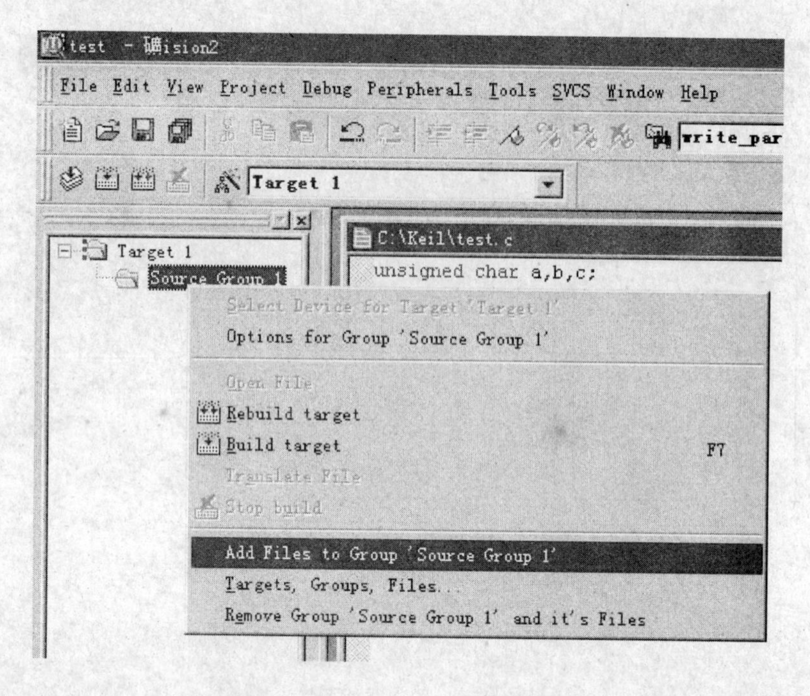

图 2－12　Source Group 1 选项卡

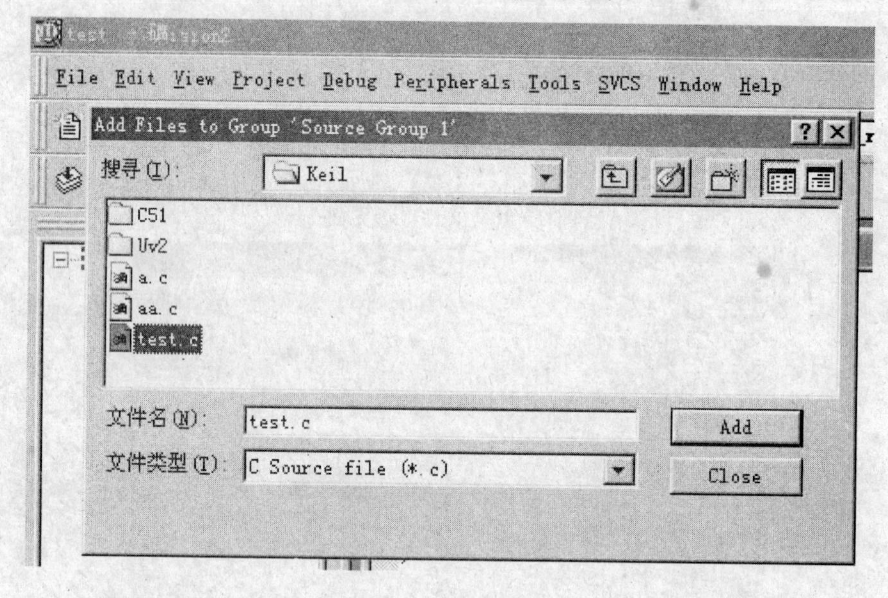

图 2－13　选择文件

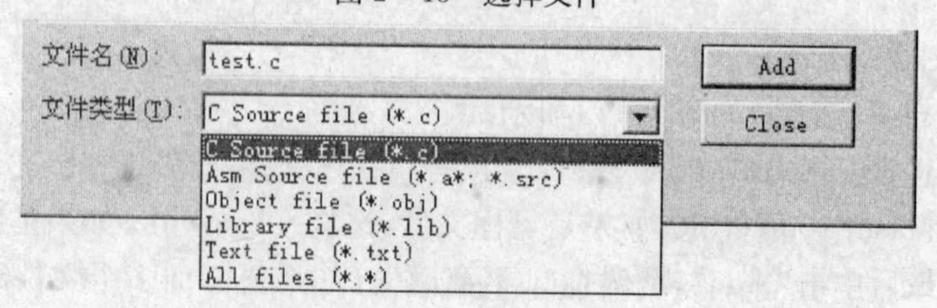

图 2－14　文件类型选择界面

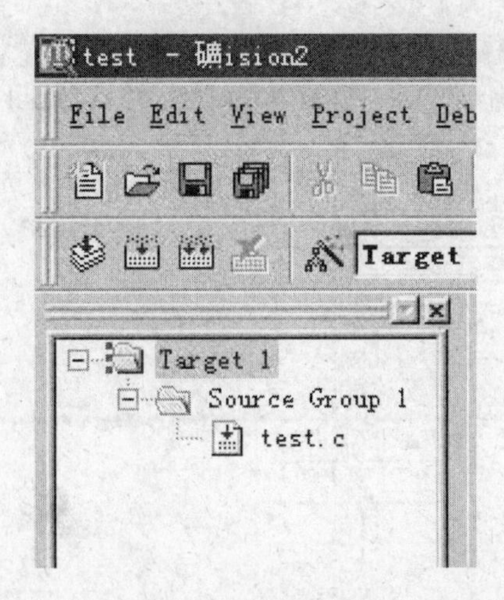

图 2-15　完成界面

(10) 在 Target 1 上单击鼠标右键,会出现一个菜单,如图 2-16 所示,选择 Options for Target 'Target 1'。

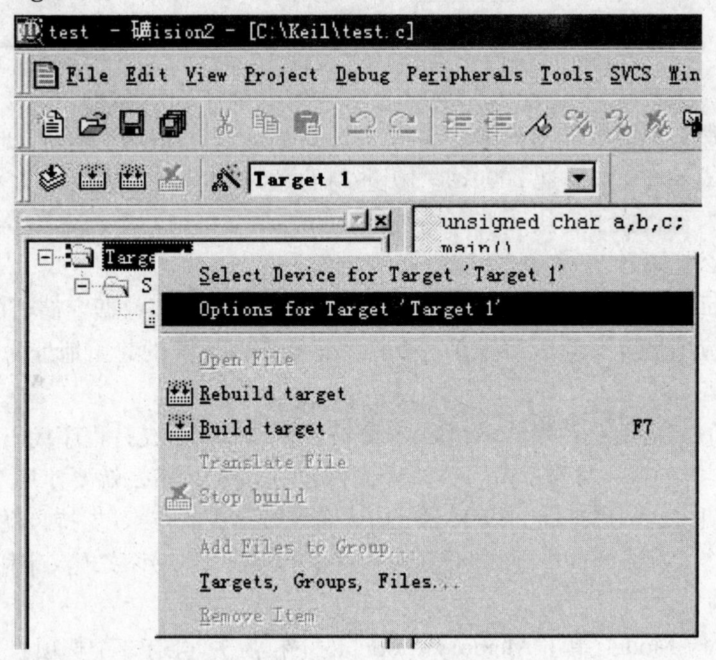

图 2-16　Target 1 选项卡

(11) 弹出"Options for Target'Target1'"对话框,如图 2-17 所示。

Target 栏目的参数功能如下:

① Xtal (MHz):设置的单片机的工作的频率,默认是 24.0MHz,如果单片机的晶振用的是 11.0592MHz,那么在框里输入 11.0592(单位是 MHz,所以带小数点)。

② Use On-chip ROM(0x0-0x1FFF):这个选项是使用片上的 Flash ROM, AT89C52 有 8KB 的 flash ROM。如果单片机的 EA 接高电平,应选中这个选项;如果单片机的 EA 接低电平,表示使用外部 ROM,那么不要选中该选项。在这里选中它。

③ Off-chip Code memory:表示在片外接的 ROM 的开始地址和大小,如果没有外接

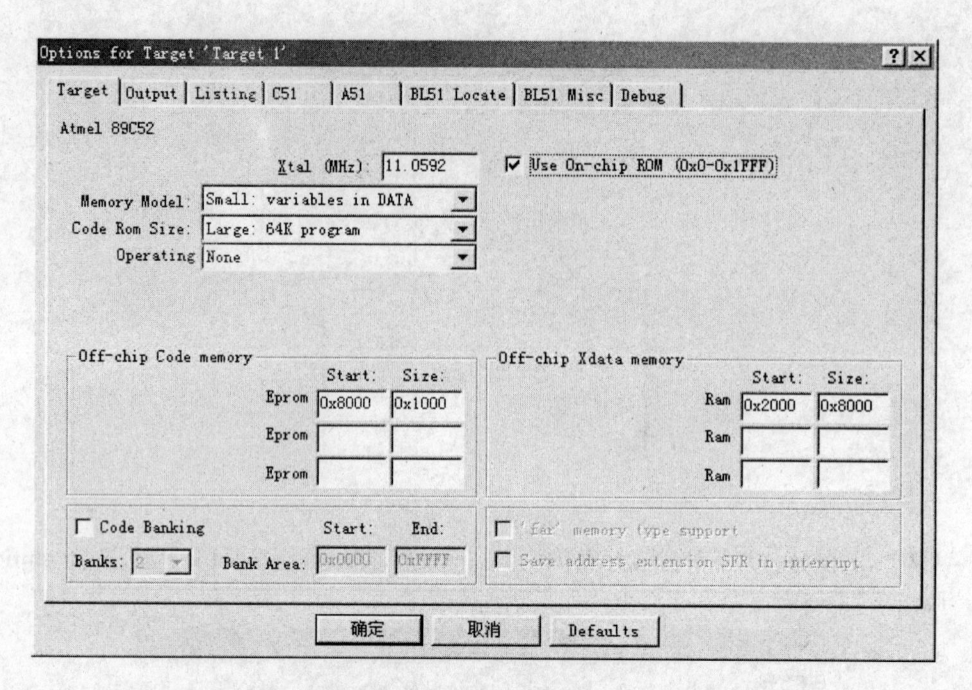

图 2－17 "Options for Target'Target1'"对话框

程序存储器，那么不要填任何数据。在这里假设使用一个片外的 ROM，地址从 0x8000 开始（不要填成 8000，如果是 8000，是 10 进制的数，一般填 16 进制的数），Size 为外接 ROM 的大小。假设接了一块 0x1000 字节的 rom。最多可以外接 3 块 ROM，如果还用了别的地址，那么就添上。

④ Off-chip Xdata Memory：可以填上外接的 Xdata，外部数据存储器的起始地址和大小，一般的应用是接一个 62256，在这里特殊地指定 Xdata 的起始地址为 0x2000，大小为 0x8000。

⑤ Code Banking：是使用 Code Banking 技术。Keil 可以支持程序代码超过 64KB 的情况，最大可以有 2MB 的程序代码。如果代码超过 64KB，那么就要使用 Code Banking 技术，以支持更多的程序空间。Code Banking 是一个高级的技术，支持自动的 Bank 的切换，是建立一个大型系统的需要，如要在单片机里实现汉字字库，实现汉字输入法，都要用到该技术。

⑥ Memory Model：单击 Memory Model 的下拉箭头，会有 3 个选项：

a. Small：变量存储在内部 RAM 里。

b. Compact：变量存储在外部 RAM 里，使用 8 位间接寻址。

c. Large：变量存储在外部 RAM 里，使用 16 位间接寻址。

一般使用 Small 来存储变量，就是说单片机优先把变量存储在内部 RAM 里，如果内部 RAM 不够了，才会存到外部去。Compact 的方式要自己通过程序来指定页的高位地址，编程比较复杂，如果外部 RAM 很少，只有 256B，那么对该 256B 的读取就比较快，用 MOVX @Ri，A 或 MOVX A，@Ri 指令。

如果超过 256B，那么要不断地进行切换，就比较麻烦。Compact 模式适用于比较少的外部 RAM 的情况。Large 模式，是指变量会优先分配到外部 RAM 里，用 MOVX A，

@DPTR 或 MOVX @DPTR,A 来读取。要注意的是,3 种存储方式都支持内部 256B 和外部 64KB 的 RAM。区别是变量优先(或默认)存储在哪里。除非不想把变量存储在内部 RAM 中,才使用后面的 Compact,Large 模式。因为变量存储在内部 RAM 里,运算速度比存储在外部 RAM 要快得多,大部分的应用都是选择 Small 的模式。使用 Small 的方式并不意味着变量就不可以存储在外部,一样可以存储在外部,只是需要指定,例如:

unsigned char xdata a;变量 a 就存储在外部 RAM。

unsigned char a;变量存储在内部 RAM。

假如用 Large 的模式:

unsigned char xdata a;变量 a 就存储在外部 RAM。

unsigned char a;变量存储在外部 RAM。

这就是区别,就是说这几个选项只是影响没有特别指定变量的存储空间的情况,默认存储在哪里,如上面的变量定义 unsigned char a。那么最好选择 Small。

⑦ Code Rom Size:单击下拉箭头,将有 3 个选项:

a. Small:program 2K or less;适用于 89C2051 等芯片,2051 只有 2KB 的代码空间,所以跳转地址只有 2KB,编译的时候会使用 ACALL,AJMP 这些短跳转指令,而不会使用 LCALL,LJMP 指令。如果代码跳转超过 2KB,那么会出错。

b. Compact:2k functiongs,64k program:表示每个子函数的程序大小不超过 2KB,整个工程可以有 64KB 的代码。就是说在 main()里可以使用 LCALL,LJMP 指令,但在子程序里只会使用 ACALL,AJMP 指令。除非确认每个子程序不会超过 2KB,否则不要用 Compact 方式。

c. Large:64K program:表示程序或子函数都可以大到 64KB。使用 code bank 还可以更大。通常都选用该方式。Code Rom Size 选择 Large 方式速度不会比 Small 慢很多,所以一般没有必要选择 Compact 和 Small 的方式。这里选择 Large 方式。

⑧ Operating:单击下拉箭头有 3 个选项:

a. None:表示不使用操作系统。

b. RTX-51 Tiny Real-Time Os:表示使用 Tiny 操作系统。

c. RTX-51 Full Real-Time Os:表示使用 Full 操作系统。

Keil C51 提供了 Tiny 系统(demo 版没有 Tiny 系统,正版软件才有),Tiny 是一个多任务操作系统,使用定时器 0 来做任务切换。一般用 11.0592MHz 时,切换任务的速度为 30ms。如果有 10 个任务同时运行,那么切换时间为 300ms,同时不支持中断系统的任务切换,也没有优先级。因为切换的时间太长,实时性大打折扣,多任务情况下(如 5 个),轮一次就要 150ms,150ms 才处理一个任务,连实现键盘扫描这些事情都不行,更不要说串口接收,外部中断等。同时切换需要大概 1000 个机器周期,对 CPU 的浪费很大,对内部 RAM 的占用也很厉害。实际上用到多任务操作系统的情况少之又少,关键是不适用,多任务操作系统一般适合于 16 位、32 位的 CPU,不适合 8 位 CPU。

Keil C51 Full Real-Time OS 是比 Tiny 要好一些的系统,但需要用户使用外部 RAM。支持中断方式的多任务和任务优先级。但是 Keil C51 里不提供该运行库,要另外购买,价格在 30000 元人民币左右。

Keil 的多任务操作系统的思想值得学习,特别是任务切换的算法,如何切换任务和保存堆栈等，有一定的研究价值。如果熟悉了其切换的方法，可以编写更好的切换(比如将一次切换的时间从 30ms 改为 3ms，实用性会好一些。引入 Windows 消息的思想，可以支持更为复杂的应用。不推荐使用多任务操作系统，这里选择 none。

(12) 对 Output 栏进行设置，如图 2-18 所示，该栏目选项说明如下：

① Select Folder for Objects：单击这个按钮可以选择编译之后的目标文件存储在哪个目录里，如果不设置的话，就是在工程文件的目录里。

② Name of Executable：设置生成的目标文件的名字，默认情况下跟工程的名字是一样的。目标文件可以生成库或者 obj，hex 的格式。

③ Create Executable：设计中生成 OMF 以及 HEX 文件。一般同时选中 Debug Information 和 Browse Information 这两个选项，这样才有详细的调试所需要的信息，如果不选的话，做 C 语言程序的调试时将无法看到高级语言写的程序。

④ Create Hex File：这个选项一般是要选中的。要生成 HEX 文件，一定要选中该选项，如图 2-18 所示。Keil 在每次编译之后都生成 OMF 文件，那个跟工程文件名一样，但是没有带扩展名的文件就是 OMF 格式的文件。例如示例这个工程的名字是 test.uv2，将会生成一个 OMF 文件 test(不带扩展名)。默认是不选中的，所以要自己做设置。

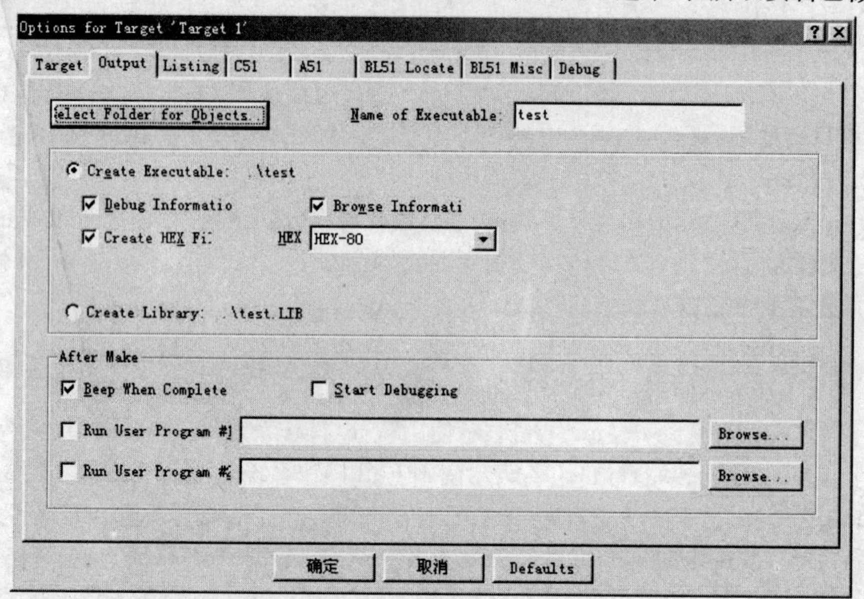

图 2-18　Output 栏设置界面

⑤ Create Library：选中时将生成 lib 库文件。根据需要是否要生成库文件，一般的应用是不生成库文件的。

⑥ After Make：包括以下几个选项。

a. Beep when complete：编译完成之后发出咚的声音。

b. Start Debugging：马上启动调试(软件仿真或硬件仿真)。根据需要做设置，一般不选。

c. Run User Program #1，Run User Program #2：这个选项可以设置编译完成之后运行别的应用程序，如有些用户自己编写的烧写芯片的程序(编译完便执行将 hex 文件写入芯片)，或调用外部的仿真程序，根据自己的需要设置。

(13) 对 Listing 栏进行设置，如图 2-19 所示：

Keil C51 在编译之后除了生成目标文件之外，还生成 *.lst *.m51 的文件。那么这两种扩展名的文件对了解程序用到了哪些 idata，data，bit，xdata，code，ram，rom，stack 等有很重要的作用。一般按照图 2-19 进行设置。如果不想生成某些内容，可以不选。

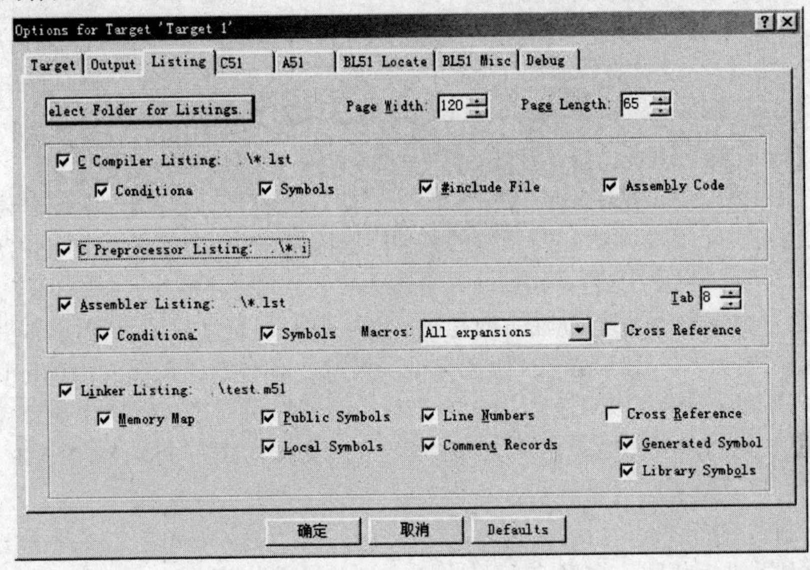

图 2-19 Listing 栏设置界面

选中 Assembly Code 将生成汇编的代码。多数情况下，用 C 语言设计比较快，特别是代码比较多的设计，C 语言的优势就更为明显。如果用 C 语言也不好，用汇编也不好，那么就混合使用，Keil C51 是支持 C 语言和汇编混合编程的。

Select Folder for Listings：选择生成的列表文件存放的目录。默认使用工程文件所在的目录。

第3章　Cx51程序设计基础

3.1　标识符与关键字

标识符是用来标识源程序中某个对象的名字的，这些对象可以是语句、数据类型、函数、变量、数组等。C语言是大小写敏感的一种高级语言，如果要定义一个定时器1，可以写做“Timer1”，如果程序中有“TIMER1”，那么这两个是完全不同定义的标识符。标识符由字符串、数字和下划线等组成，注意的是第一个字符必须是字母或下划线，如“1Timer”则是一个错误的标识符，C51编译时便会有错误提示。有些编译系统专用的标识符是以下划线开头，所以一般不要以下划线开头命名标识符。标识符在命名时应当简单，含义清晰，这样有助于阅读理解程序。在C51编译器中，只支持标识符的前32位为有效标识，一般情况下也足够用了。

关键字则是编程语言保留的特殊标识符，它们具有固定名称和含义，在程序编写中不允许标识符与关键字相同。在Keil uVision2中的关键字除了有ANSIC标准的32个关键字外还根据51单片机的特点扩展了相关的关键字。其实在Keil uVision2的文本编辑器中编写C程序，系统可以把保留字以不同颜色显示，默认颜色为天蓝色。

3.2　单片机Cx51的数据类型

Cx51的数据有常量和变量。常量是在程序运行中值不变的量，可以为字符、十进制数或十六进制数；反之在程序运行中可以改变的量称为变量，一个变量由变量名和变量值构成，变量名即是存储单元地址的符号表示，而变量值就是该单元存放的内容，定义一个变量，编译系统会自动为它安排一个存储单元，具体的地址值用户不必在意。常见的数据类型有字符型、整型、实型、指针型、访问SFR的数据类型。

无论哪种数据，都是存放在存储单元中，每一个数据究竟要占用几个单元，都要提供给编译系统，正如汇编语言中存放数据的单元要用DB或DW的伪指令进行定义一样，编译系统以此为根据预留存储单元，C51编译器支持的数据类型如表3-1所列。

表3-1中字符型(char)、整型(int)和长整型(long)均有符号型(signed)和无符号型(unsigned)两种，如果不是必须，尽可能选择无符号型，这将会使编译器省去符号位的监测，使生成的程序代码比符号型数据短得多。

程序编译时，C51编译器会自动进行类型转换，例如将一个位变量赋值给一个整型变量时，位型值自动转化为整型值；当运算符两边为不同类型的数据时，编译器先将低级的数据类型转换为高级的类型，运算后，结果为高级数据类型。

在指针型数据类型中既要说明被指变量的数据类型和存储类型，还要说明指针变量本身的数据类型和存储类型。例如类型定义为 data 或 idata,表示指针指示内部数据存储器(8 位地址);pdata 表示指针指示外部数据存储器(8 位地址);而 code/xdata 表示指针指向外部程序存储器或外部数据存储器(16 位地址)。如果想使指针指向任何存储空间,则可以定义为通用型,此时指针长度为 3B。在标准 C 语言中基本的数据类型为 char,int,short,long,float 和 double,而在 C51 编译器中 int 和 short 相同,float 和 double 相同,这里就不列出说明了。下面来看看它们的具体定义。

表 3-1 Keil uVision2 C51 编译器所支持的数据类型

数据类型	长 度	值 域
unsigned char	单字节	0～255
signed char	单字节	－128～＋127
unsigned int	双字节	0～65535
signed int	双字节	－32768～＋32767
unsigned long	四字节	0～4294967295
signed long	四字节	－2147483648～＋2147483647
float	四字节	±1.175494E－38～±3.402823E＋38
*	1～3 字节	对象的地址
bit	位	0 或 1
sfr	单字节	0～255
sfr16	双字节	0～65535
sbit	位	0 或 1

1) char(字符类型)

char 类型的长度是 1B,通常用于定义处理字符数据的变量或常量,分无符号字符类型 unsigned char 和有符号字符类型 signed char,默认值为 signed char 类型。unsigned char 类型用字节中所有的位来表示数值,可以表达的数值范围是 0～255。signed char 类型用字节中最高位字节表示数据的符号,“0”表示正数,“1”表示负数,负数用补码表示,所能表示的数值范围是－128～＋127。unsigned char 常用于处理 ASCII 字符或用于处理小于或等于 255 的整型数。

2) int(整型)

int 类型长度为 2B,用于存放一个双字节数据。分有符号整型数 signed int 和无符号整型数 unsigned int,默认值为 signed int 类型。signed int 表示的数值范围是－32768～＋32767,字节中最高位表示数据的符号,“0”表示正数,“1”表示负数。unsigned int 表示的数值范围是 0～65535。

例 3-1 在 51 单片机上用 C51 语言编写一个小程序,看看 unsigned char 和 unsigned int 用于延时的不同效果,以说明它们的长度是不同的。

解:实验程序如下:

```
include <AT89X51. h> //预处理命令
void main(void) //主函数名
```

```
{
  unsigned int a; //定义变量 a 为 unsigned int 类型
  unsigned char b; //定义变量 b 为 unsigned char 类型
  do
      { // do while 组成循环
          for (a=0; a<65535; a++)
            P1_0 = 0; //65535 次设 P1.0 口为低电平,点亮 LED
          P1_0 = 1; //设 P1.0 口为高电平,熄灭 LED
          for (a=0; a<30000; a++); //空循环
          for (b=0; b<255; b++)
            P1_1 = 0; //255 次设 P1.1 口为低电平,点亮 LED
          P1_1 = 1; //设 P1.1 口为高电平,熄灭 LED
          for (a=0; a<30000; a++); //空循环
      }
  while(1);
}
```

实验电路如图 3-1 所示。实验中用 D1 的点亮表明正在用 unsigned int 数值延时,用 D2 点亮表明正在用 unsigned char 数值延时。对以上程序编译烧写,上电运行就可以看到结果。很明显 D1 点亮的时间长于 D2 点亮的时间。

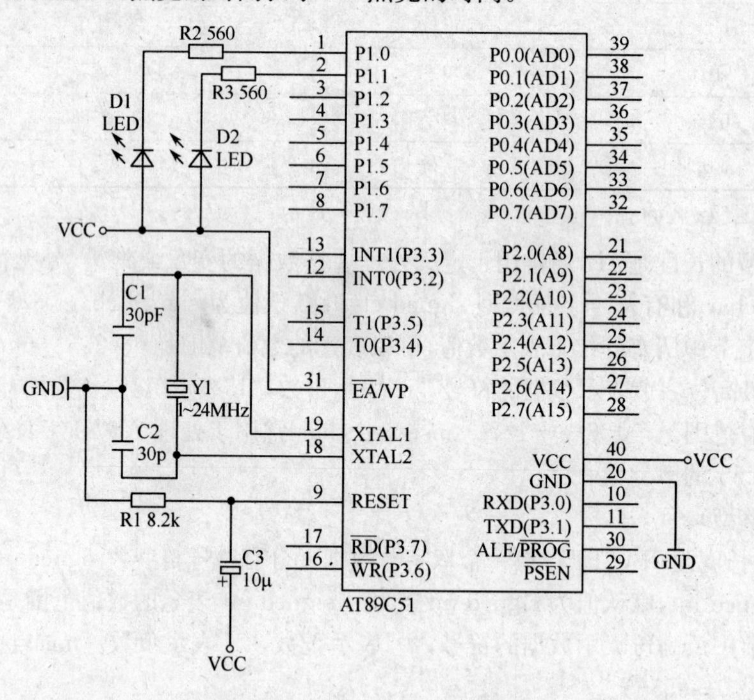

图 3-1 例 3-1 实验用电路

这里必须要讲的是程序中的循环延时时间并不是很好确定,并不太适合要求精确延时的场合,当定义一个变量为特定的数据类型时,在程序使用该变量不应使它的值超过数据类型的值域。如本例中的变量 b 不能赋超出 0～255 的值,如 for(b=0; b<255; b++)改为 for (b=0; b<256; b++),编译是可以通过的,但运行时就会有问题出现,就是

说 b 的值永远都是小于 256 的，所以无法跳出循环执行下一句 P1_1 = 1，从而造成死循环。同理 a 的值不应超出 0～65535。可以烧片看看实验的运行结果，同样软件仿真也是可以看到结果的，请读者自己完成。

3) long(长整型)

long 类型的长度为 4B，用于存放一个四字节数据。分有符号长整型 signed long 和无符号长整型 unsigned long，默认值为 signed long 类型。signed int 表示的数值范围是 −2147483648～2147483647，字节中最高位表示数据的符号，“0”表示正数，“1”表示负数。unsigned long 表示的数值范围是 0～4294967295。

4) float(浮点型)

float 类型在十进制中具有 7 位有效数字，是符合 IEEE-754 标准的单精度浮点型数据，占用 4B。

5) *(指针型)

指针型本身就是一个变量，在这个变量中存放着指向另一个数据的地址。这个指针变量要占据一定的内存单元，对不同的处理器长度也不尽相同，在 C51 中它的长度一般为 1B～3B。指针变量也具有类型。

例 3-2 指针变量说明举例。

long xdata * px; /* 指针 px 指向 long 型 xdata，每个数据占 4 个单元，指针自身在默认存储器，如不指定编译模式，在 data 区 */

char xdata * data pd; /* 指针 pd 指向字符型 xdata，自身在 data 区，长度为 2B */

data char xdata * pd; /* 同上 */

data int * pn; /* 定义一个类型为 int 型的通用型指针，指针自身在 data 区，长度为 3B */

说明：例 3-2 中指针变量名前冠以“*”，表示其为指针型变量，指针指向的存储区的数据类型，即指向哪个存储区，决定了指针本身的长度(参见表 3-1)。存储类型声明的位置在数据类型和指针名(如 * px)之间，如无此项声明，则此指针型变量为通用型。

6) bit(位标量)

MCS-51 单片机内部数据存储器的可寻址位(20H～2FH)定义为 bit 型。位标量是 C51 编译器的一种扩充数据类型，利用它可定义一个位标量，但不能定义位指针，也不能定义位数组。它的值是一个二进制位，不是 0 就是 1，类似一些高级语言中的 Boolean 类型中的 True 和 False。

7) sfr(特殊功能寄存器)

sfr 是声明字节寻址的特殊功能寄存器，也是一种扩充数据类型，占用一个内存单元，值域为 0～255。利用它可以访问 8051 单片机内部的所有特殊功能寄存器。如用sfr P1=0x90 表示定义 P1 口，地址为 90H，在后面的语句中可以用 P1 = 255(对 P1 端口的所有引脚置高电平)之类的语句来操作特殊功能寄存器。注意：“sfr”后面必须跟一个特殊寄存器名；“=”后面的地址必须是常数，不允许带有运算符的表达式，该常数值范围必须在特殊寄存器地址范围内，位于 0x80H 和 0xFFH 之间。

8) sfr16(16 位特殊功能寄存器)

sfr16 用两个连续地址的 SFR 来指定 16 位值，占用两个内存单元，值域为 0～65535。sfr16 和 sfr 一样用于操作特殊功能寄存器，其声明遵循相同的规则，所不同的是它用于操作两个字节的寄存器，如 8052 用地址 0xCC 和 0xCD 表示定时器/计数器 2 的低字节和高字节，即 sfrT2＝0xCC。

9) sbit(可寻址位特殊功能寄存器)

特殊功能寄存器的可寻址位(即地址为 x0H 和 x8H 的 SFR 的各位)只能定义为 sbit 型，sbit 可寻址位是 C51 中的一种扩充数据类型，利用它可以访问芯片内部的 RAM 中的可寻址位或特殊功能寄存器中的可寻址位。如前面定义了

```
sfr P1 = 0x90; //因 P1 端口的寄存器是可位寻址的，所以可以定义
sbit P1_1 = P1^1; //P1_1 为 P1 中的 P1.1 引脚
//同样也可以用 P1.1 的地址去写，如 sbit P1_1 = 0x91;
```

这样在以后的程序语句中就可以用 P1_1 来对 P1.1 引脚进行读写操作了。通常可以直接使用系统提供的预处理文件，里面已定义好各特殊功能寄存器的简单名字，直接引用可以省去一点时间。当然也可以自己写自己的定义文件，用好记的名字命名。

例 3-3 变量说明举例。

```
data char var;/*字符变量 var 定位在片内数据存储区*/
char code MSG[]="PARAMTER;"; /*字符数组 MSG[]定位在程序存储区*/
unsigned long xdata array[100]; /*无符号长型数组定位在片外 RAM 区，每个元素占 4B*/
float idata u,v,w; /*实型变量 u,v,w 定位在片内用间址访问内部 RAM 区*/
bit lock; /*位变量 lock 定位在片内 RAM 可位寻址区*/
unsigned int pdata sion; /*无符号整型变量 sign 定位在分页的外部 RAM*/
unsigned char xdata vector[10][4][4] /*无符号字符三维数组定位在片外 RAM 区*/
sfr PSW=0xD0; /*定义 PSW 为特殊功能寄存器，地址为 0xD0*/
char bdata flags; /*字符变量 flags 定位在可位寻址内部 RAM 区*/
sbit flag0=flag^0; /*定义 flag0 为 flag.0*/
sbit EA=0xA8^7; /*指定 0XA8 的第 7 位为 EA，即中断允许*/
```

如果在变量说明时省去存储器类型标志，编译器会自动选择默认的存储器类型。

3.3 Cx51 程序设计的基本语法

单片机 C51 继承了标准 C 语言的绝大部分的特性，基本语法相同，但其本身在特定的硬件结构上又有所扩展，应用 C51 时，要注意对系统资源的理解，因为单片机的系统资源相对 PC 来说很贫乏，对于每一个 ROM、RAM 中的字节都要充分利用，可以通过编译生成的 .m51 文件来了解程序中利用资源的情况。

3.3.1 常量

在 3.2 节中介绍了 Keil C51 编译器所支持的数据类型。而这些数据类型又是怎么用在常量和变量的定义中的呢？又有什么要注意的吗？常量是在程序运行过程中不能改变值的量，而变量是可以在程序运行过程中不断变化的量。变量的定义可以使用所有 C51 编译器支持的数据类型，而常量的数据类型只有整型、浮点型、字符型、字符串型和位标量。

常量的数据类型说明主要有以下几种：

(1) 整型常量可以表示为十进制如 123，0，－89 等。十六进制则以 0x 开头，如 0x34，-0x3 等。长整型就在数字后面加字母 L，如 104L，034L，0xF340 等。

(2) 浮点型常量可分为十进制和指数表示形式。十进制由数字和小数点组成，如 0.888，3345.345，0.0 等，整数或小数部分为 0，可以省略但必须有小数点。指数表示形式为[±]数字[.数字]e[±]数字，[]中的内容为可选项，其中内容根据具体情况可有可无，但其余部分必须有，如 125e3，7e9，-3.0e-3。

(3) 字符型常量是单引号内的字符，如'a'，'d'等，不可以显示的控制字符，可以在该字符前面加一个反斜杠"\"组成专用转义字符。常用转义字符如表 3-2 所列。

表 3-2 常用转义字符表

转义字符	含　义	ASCII 码(十六/十 进制)
\o	空字符(NULL)	00H/0
\n	换行符(LF)	0AH/10
\r	回车符(CR)	0DH/13
\t	水平制表符(HT)	09H/9
\b	退格符(BS)	08H/8
\f	换页符(FF)	0CH/12
\′	单引号	27H/39
\″	双引号	22H/34
\\	反斜杠	5CH/92

(4) 字符串型常量由双引号内的字符组成，如"test"，"OK"等。当引号内没有字符时，为空字符串。在使用特殊字符时同样要使用转义字符如双引号。在 C 语言中字符串常量是作为字符类型数组来处理的，在存储字符串时系统会在字符串尾部加上\o 转义字符作为该字符串的结束符。字符串常量"A"和字符常量'A'是不同的，前者在存储时多占用 1B 的空间。

(5) 位标量，它的值是一个二进制型值。

常量可用在不必改变值的场合，如固定的数据表、字库等。常量的定义方式有以下几种。

```
#difine False 0x0;   //用预定义语句可以定义常量
#difine True 0x1;    //这里定义 False 为 0，True 为 1
                     //在程序中用到 False 编译时自动用 0 替换，同理 True 替换为 1
unsigned int code a=100; //这一句用 code 把 a 定义在程序存储器中并赋值
const unsigned int c=100; //用 const 定义 c 为无符号 int 常量并赋值
```

以上两句它们的值都保存在程序存储器中，而程序存储器在运行中是不允许被修改的，所以如果在这两句后面用了类似 a＝110，a＋＋这样的赋值语句，编译时将会出错。

例 3-4 通过一个跑马灯试验来说明典型的常量用法。

解：本例是在例 3-1 的实验电路的基础上增加 6 个 LED 组成的，也就是用 P1 口的全部引脚分别驱动一个 LED，电路如图 3-2 所示。

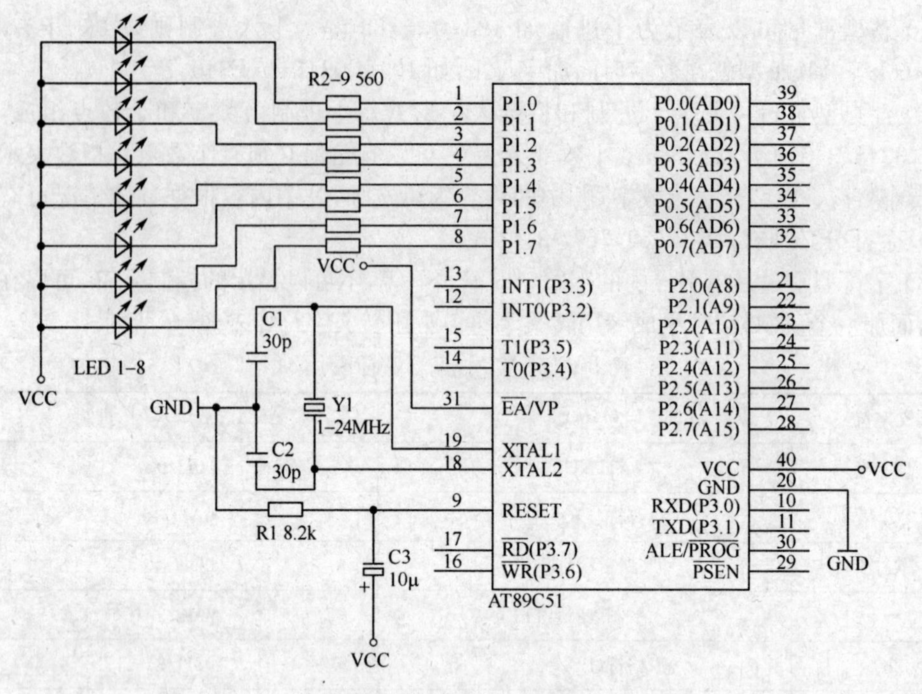

图 3－2　八路跑马灯电路

新建一个 RunLED 的项目，主程序如下：

```
＃include ＜AT89X51. H＞ //预处理文件里面定义了特殊寄存器的名称如 P1 口定义为 P1
void main(void)
{
  //定义花样数据
  const unsigned char design[32]＝{0xFF,0xFE,0xFD,0xFB,0xF7,0xEF,0xDF,0xBF,0x7F,
                                   0x7F,0xBF,0xDF,0xEF,0xF7,0xFB,0xFD,0xFE,
                                   0xFF,0xFF,0xFE,0xFC,0xF8,0xF0,0xE0,0xC0,
                                   0x80,0x0,0xE7,0xDB,0xBD,0x7E,0xFF};
  unsigned int a; //定义循环用的变量
  unsigned char b; //在 C51 编程中因内存有限,应尽可能注意变量类型的使用
                   //尽可能使用少字节的类型,在大型的程序中很受用
  do{
        for (b＝0; b＜32; b＋＋)
          {
               for(a＝0; a＜30000; a＋＋); //延时一段时间
               P1 ＝ design[b]; //读已定义的花样数据并写花样数据到 P1 口
          }
    }while(1);
}
```

程序中的花样数据可以自己去定义，因这里 LED 需要 AT89C51 的 P1 引脚为低电平才会点亮，所以要向 P1 口的各引脚写数据 0，对应连接的 LED 才会被点亮，P1 口的 8 个引脚刚好对应 P1 口特殊寄存器的 8 个二进制位，如向 P1 口定数据 0xFE，转成二进制

就是 11111110，最低位 D0 为 0，这里 P1.0 引脚输出低电平，LED1 被点亮。如此类推，不难算出自己想要做的效果了。显示的速度可以根据需要调整延时 a 的值，不要超过变量类型的值域就行了。如果没有 51 单片机实验板，也可以用 Keil uVision2 的软件仿真来调试 I/O 口程序，如图 3-3 所示。

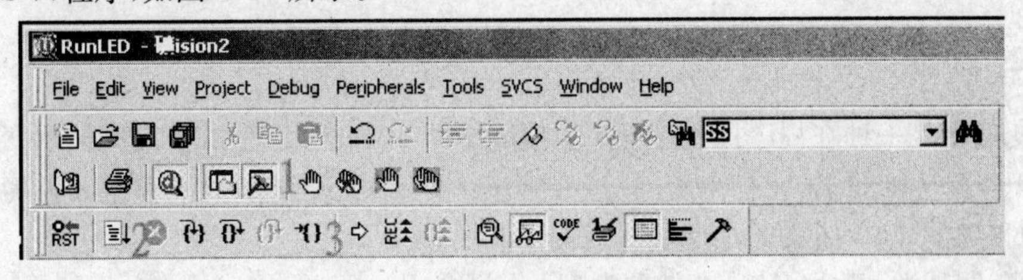

图 3-3 调试用快捷菜单栏

编译运行上面的程序，然后按外部设备菜单 Peripherals—I/O Ports—Port1 就打开 Port1 的调试窗口了，如图 3-3 中的 2。这时程序运行，但并不能在 Port1 调试窗口上看到有什么效果，这时可以用鼠标单击图 3-4 中 1 旁边绿色的方条，单击一下就有一个小红方格，再单击一下又没有了，哪一句语句前有小方格程序，运行到那一句时就停止了，就是设置调试断点，图 3-3 中的 1 也是同样功能，分别是增加/移除断点、移除所有断点、允许/禁止断点、禁止所有断点，菜单也有一样的功能。另外，菜单中还有 Breakpoints 可打开断点设置窗口，它的功能更强大，不过这里先不用它。在"P1 = design[b];"这一句设置一个断点，这时程序运行到这里就停住了，留意一下 Port1 调试窗口，再按图 3-4 中的 2 的运行键，程序又运行到设置断点的地方停住了，这时 Port1 调试窗口的状态又不同了。也就是说，Port1 调试窗口模拟了 P1 口的电平状态，打勾为高电平，不打勾则为低电平，窗口中 P1 为 P1 寄存器的状态，Pins 为引脚的状态，注意，如果是读引脚值必须把引脚对应的寄存器置 1 才能正确读取。图 3-3 中 2 旁边的{}样的按钮分别为单步入、步越、步出和执行到当前行。图中 3 为显示下一句将要执行的语句。图 3-4 中的 3 是 Watches 窗口，可查看各变量的当前值，数组和字串显示其头一个地址，如本例中的 de-

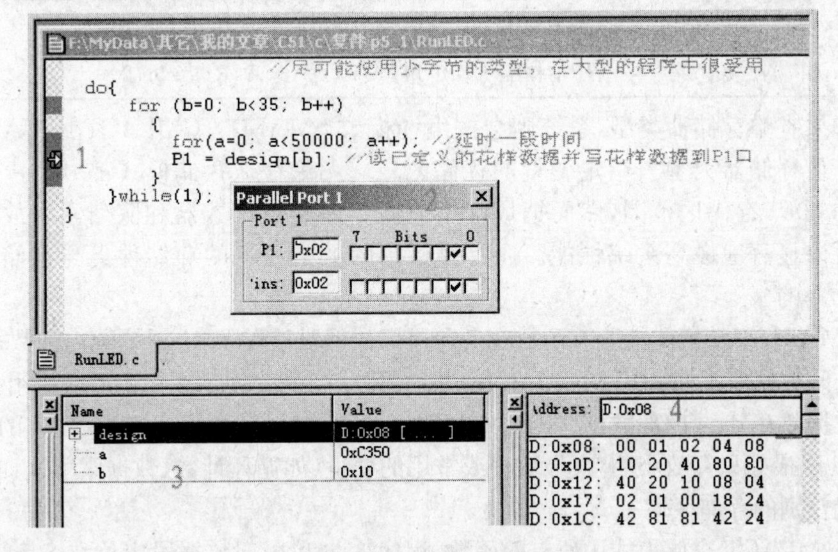

图 3-4 各调试窗口

sign 数组保存在 RAM 存储区，首地址为 D:0x08，图 3-4 中 Memory 存储器查看窗口中的 Address 地址(4)内输入 D:0x08，就可以查看到design 各数据和存放地址了。如果 uVision2 没有显示，这些窗口可以在 View 菜单中打开，在图 3-3 中 3 后面一栏的查看窗口快捷栏中打开。

3.3.2 变量

变量就是一种在程序执行过程中其值能不断变化的量。要在程序中使用变量必须先用标识符作为变量名，并指出所用的数据类型和存储模式，这样编译系统才能为变量分配相应的存储空间。定义一个变量的格式如下：

[存储种类] 数据类型[存储器类型] 变量名表

在定义格式中除了数据类型和变量名表是必要的，其他都是可选项。存储种类有四种：自动(auto)，外部(extern)，静态(static)和寄存器(register)，默认类型为自动(auto)。这里的数据类型是和前面学习到的各种数据类型的定义一样。说明了一个变量的数据类型后，还可选择说明该变量的存储器类型。存储器类型的说明就是指定该变量在 C51 硬件系统中所使用的存储区域，并在编译时准确定位。表 3-3 中是 Keil uVision2 所能识别的存储器类型。注意，在 AT89C51 芯片中 RAM 只有低 128 位，位于 80H 到 FFH 的高 128 位则在 52 芯片中才有用，并和特殊寄存器地址重叠。

表 3-3　存储器类型

存储器类型	说　明
data	直接访问内部数据存储器(128B)，访问速度最快
bdata	可位寻址内部数据存储器(16B)，允许位与字节混合访问
idata	间接访问内部数据存储器(256B)，允许访问全部内部地址
pdata	分页访问外部数据存储器(256B)，用 MOVX @Ri 指令访问
xdata	外部数据存储器(64KB)，用 MOVX @DPTR 指令访问
code	程序存储器(64KB)，用 MOVC @A+DPTR 指令访问

如果省略存储器类型，系统则会按编译模式 SMALL，COMPACT 或 LARGE 所规定的默认存储器类型去指定变量的存储区域。无论什么存储模式都可以声明变量在任何的 8051 存储区范围，然而把最常用的命令如循环计数器和队列索引放在内部数据区可以显著地提高系统性能。还有要指出的就是变量的存储种类与存储器类型是完全无关的。

SMALL 存储模式把所有函数变量和局部数据段放在 8051 系统的内部数据存储区，这使访问数据非常快，但 SMALL 存储模式的地址空间受限。在写小型的应用程序时，变量和数据放在 data 内部数据存储器中是很好的，因为访问速度快，但在较大的应用程序中 data 区最好只存放小的变量、数据或常用的变量(如循环计数、数据索引)，而大的数据则放置在别的存储区域。

COMPACT 存储模式中所有的函数、程序变量和局部数据段定位在 8051 系统的外部数据存储区。外部数据存储区可有最多 256B(一页)，在本模式中外部数据存储区的短地址用@R0/R1。

LARGE 存储模式所有函数和过程的变量和局部数据段都定位在 8051 系统的外部数据区，外部数据区最多可有 64KB，这要求用 DPTR 数据指针访问数据。之前简单提到 sfr，sfr16，sbit 定义变量的方法，下面来仔细看看。

sfr 和 sfr16 可以直接对 51 单片机的特殊寄存器进行定义，定义方法如下：

```
sfr 特殊功能寄存器名= 特殊功能寄存器地址常数;
sfr16 特殊功能寄存器名= 特殊功能寄存器地址常数;
```

可以这样定义 AT89C51 的 P1 口：

```
sfr P1 = 0x90; //定义 P1 I/O 口，其地址 90H
```

sfr 关键字后面是一个要定义的名字，可任意选取，但要符合标识符的命名规则，名字最好有一定的含义，如 P1 口可以用 P1 为名，这样程序会变得好读得多。等号后面必须是常数，不允许有带运算符的表达式，而且该常数必须在特殊功能寄存器的地址范围之内(80H～FFH)，具体可查看附录中的相关表。sfr 是定义 8 位的特殊功能寄存器而 sfr16 则是用来定义 16 位特殊功能寄存器，如 8052 的 T2 定时器，可以定义为：

```
sfr16 T2 = 0xCC; //这里定义 8052 定时器 2，地址为 T2L=CCH，T2H=CDH
```

用 sfr16 定义 16 位特殊功能寄存器时，等号后面是它的低位地址，高位地址一定要位于物理低位地址之上。注意，不能用于定时器 0 和定时器 1 的定义。

sbit 可定义可位寻址对象，如访问特殊功能寄存器中的某位。其实这样应用是经常要用的，如要访问 P1 口中的第 2 个引脚 P1.1。可按照以下的方法去定义：

1. sbit 位变量名＝位地址

```
sbit P1_1 = 0x91;
```

这样是把位的绝对地址赋给位变量。同 sfr 一样，sbit 的位地址必须位于 80H 与 FFH 之间。

2. Sbit 位变量名＝特殊功能寄存器名^位位置

```
sft P1 = 0x90;
sbit P1_1 = P1 ^1; //先定义一个特殊功能寄存器名，再指定位变量名所在的位置当
```

可寻址位位于特殊功能寄存器中时，可采用这种方法。

3. sbit 位变量名＝字节地址^位位置

```
sbit P1_1 = 0x90 ^1;
```

这种方法其实和(2)是一样的，只是把特殊功能寄存器的位址直接用常数表示。在 C51 存储器类型中提供有一个 bdata 的存储器类型，这是指可位寻址的数据存储器，位于单片机的可位寻址区中，可以将要求可位录址的数据定义为 bdata，如：

```
unsigned char bdata ib; //在可位寻址区定义 ucsigned char 类型的变量 ib
int bdata ab[2]; //在可位寻址区定义数组 ab[2]，这些也称为可寻址位对象
sbit ib7=ib^7 //用关键字 sbit 定义位变量来独立访问可寻址位对象的其中一位
sbit ab12=ab[1]^12;
```

操作符“^”后面的位的位置的最大值取决于指定的基址类型，char0-7，int0-15，long0-31。

例 3-5 利用例 3-4 的实验电路，用变量定义的方法实践简单的跑马灯实验。

解：项目名为 RunLED2。程序如下：

```
sfr P1 = 0x90; //这里没有使用预定义文件
```

```
sbit P1_0 = P1 ^ 0; //而是自己定义特殊寄存器
sbit P1_7 = 0x90 ^ 7; //之前使用的预定义文件其实就是这个作用
sbit P1_1 = 0x91; //这里分别定义 P1 端口和 P10,P11,P17 引脚
void main(void)
{
    unsigned int a;
    unsigned char b;
    do{
        for (a=0;a<50000;a++)
          P1_0 = 0; //点亮 P1_0
        for (a=0;a<50000;a++)
          P1_7 = 0; //点亮 P1_7
        for (b=0;b<255;b++)
          {
            for (a=0;a<10000;a++)
              P1 = b; //用 b 的值来做跑马灯的花样
          }
        P1 = 255; //熄灭 P1 上的 LED
        for (b=0;b<255;b++)
          {
            for (a=0;a<10000;a++) //P1_1 闪烁
              P1_1 = 0;
            for (a=0;a<10000;a++)
              P1_1 = 1;
          }
    }while(1);
}
```

3.3.3 用 typedef 重新定义的数据类型

在C语言程序中,除了可以采用上面所讲的数据类型之外,用户还可以根据自己的需要对数据类型重新定义。重新定义方法如下:

typedef 已有的数据类型 新的数据类型名

其中,“已有的数据类型”是指上面所讲C语言中所有的数据类型,包括结构、指针和数组等,“新的数据类型名”可按用户自己的习惯或根据任务需要决定。关键字 typedef 的作用只是将C语言中已有的数据类型作了置换,因此可用置换后新的数据类型名来进行变量的定义。例如:

```
typedef int word;/*定义 word 为新的整型数据类型名 */
worda,b;        /*将 a,b 定义为 int 型变量 */
```

在这个例子中,先用关键字 typedef 将 word 定义为新的整型数据类型,定义过程实际上是用 word 置换了 int,因此下面就可以直接用 word 对变量 a,b 进行定义,而此时 word 等效于 int,所以 a,b 被定义成整形变量。例如:

```
typedef int word;/*定义 word 为新的整型数据类型名 */
```

```
word i,j;          /* 将 i,j 定义为 int 型变量 */
```

在这个例子中,先用关键字 typedef 将 word 定义为新的整型数据类型,定义的过程实际上是用 word 置换了 int,因此下面就可以直接用 word 对变量 i,j 进行定义,而此时 word 等效于 int,所以 i,j 被定义成整型变量。例如:

```
typedef int NUM[100];      /* 定义 NUM 为整型数组类型 */
NUM n;                     /* 将 n 定义为整型数组变量 */
typedef char * POINTER;    /* 将 POINTER 定义为字符指针类型 */
POINTER point;             /* 将 point 定义为字符指针变量 */
```

用 typedef 还可以定义结构类型:

```
typedef struct             /* 定义结构体 */
    { int month;
      int day;
      int year;
    } DATE;
```

这里,DATE 为一个新的数据类型(结构类型)名,可以直接用它来定义变量。

```
DATE birthday;             /* 定义 birthday 为结构类型变量 */
DATE * point;              /* 定义指向这个结构类型数据的指针 */
```

一般而言,用 typedef 定义的新数据类型用大写字母表示,以便与 C 语言中原有的数据类型相区别。另外还要注意,用 typedef 可以定义各种新的数据类型名,但不能直接用来定义变量。Typedef 只是对已有的数据类型做了一个名字上的置换,并没有创造出一个新的数据类型,例如,前面例子中的 word 只是 int 类型的一个新名字而已。采用 typedef 来重新定义数据类型有利于程序的移植,同时还可以简化较长的数据类型定义(如结构数据类型等)。在采用多模块程序设计时,如果不同的模块程序源文件中用到同一类型的数据时(尤其是像数组、指针、结构、联合等复杂数据类型),就经常用 typedef 将这些数据重新定义并放到一个单独的文件中,需要时再用预处理命令 #include 将它们包含进来。

3.3.4 运算符和表达式

运算符就是完成某种特定运算的符号,按其表达式中与运算符的关系可分为单目运算符、双目运算符和三目运算符。单目就是指需要有一个运算对象,双目就要求有两个运算对象,三目则要求有三个运算对象。表达式则是由运算及运算对象所组成的具有特定含义的式子。C 是一种表达式语言,表达式后面加";"号就构成了一个表达式语句。

1. 赋值运算符

对于"="这个符号大家不会陌生,在 C 中它的功能是给变量赋值,称为赋值运算符。它的作用就是把数据赋给变量。如 x=10;由此可见,利用赋值运算符将一个变量与一个表达式连接起来的式子为赋值表达式,在表达式后面加";"便构成了赋值语句。使用"="的赋值语句格式如下:

```
变量 = 表达式;
```

示例如下:

```
a = 0xFF; //将常数十六进制数 FF 赋予变量 a
```

b = c = 33；//同时赋值给变量 b,c

d = e；//将变量 e 的值赋予变量 d

f= a+b；//将变量 a+b 的值赋予变量 f

由上面的例子可以知道赋值语句的意义就是先计算出“＝”右边的表达式的值，然后将得到的值赋给左边的变量，而且右边的表达式可以是一个赋值表达式。

“＝＝”与“＝”这两个符号容易混淆，往往就是错在 if (a＝x)之类的语句中，错将“＝”用为“＝＝”。“＝＝”符号是用来进行相等关系运算的。

2. 算术，增减量运算符

C51 中的算术运算符有如下几个，其中只有取正值和取负值运算符是单目运算符，其他则都是双目运算符：

＋ 加或取正值运算符

－ 减或取负值运算符

* 乘运算符

/ 除运算符

% 取余运算符

算术表达式的形式：

表达式 1 算术运算符 表达式 2

如：a＋b＊(10－a)，(x＋9)/(y－a)

除法运算符和一般的算术运算规则有所不同，如是两浮点数相除，其结果为浮点数，如 10.0/20.0 所得值为 0.5，而两个整数相除时，所得值就是整数，如 7/3，值为 2。像别的语言一样，C51 的运算符“与”有优先级和结合性，同样可用括号“()”来改变优先级。

算术运算符优先级规定为：先乘除，后加减，括号最优先；结合性规定：从左至右，即运算对象两侧的算术符优先级相同时，先与左边的运算符号结合。

＋＋ 增量运算符

-- 减量运算符

这两个运算符是 C 语言中特有的一种运算符，在 VB，PASCAL 等中都是没有的，作用就是对运算对象作加 1 和减 1 运算。要注意的是运算对象在符号前或后，其含义都是不同的，虽然同是加 1 或减 1，如：i＋＋，＋＋i，i--，--i

i＋＋(或 i--) 是先使用 i 的值，再执行 i＋1(或 i-1)

＋＋i(或--i) 是先执行 i＋1(或 i-1)，再使用 i 的值。

增减量运算符只允许用于变量的运算中，不能用于常数或表达式。

3. 关系运算符

C 中有 6 种关系运算符：

＞ 大于

＜ 小于

＞= 大于等于

＜= 小于等于

== 等于

！= 不等于

运算符是有优先级别的，计算机的语言也不过是人类语言的一种扩展，这里的运算符同样有着优先级别。前四个具有相同的优先级，后两个也具有相同的优先级，但是前四个的优先级要高于后两个的。

当两个表达式用关系运算符连接起来时，这时就是关系表达式。关系表达式通常是用来判别某个条件是否满足。要注意的是用关系运算符的运算结果只有 0 和 1 两种，也就是逻辑的真与假，当指定的条件满足时结果为 1，不满足时结果为 0。

表达式 1 关系运算符 表达式 2

如：I<J，I==J，(I=4)>(J=3)，J+I>J

4. 逻辑运算符

关系运算符所能反映的是两个表达式之间的大小等于关系，那逻辑运算符则是用于求条件式的逻辑值，用逻辑运算符将关系表达式或逻辑量连接起来就是逻辑表达式了。逻辑表达式的一般形式为：

逻辑与：条件式 1 && 条件式 2

逻辑或：条件式 1 || 条件式 2

逻辑非：！条件式 2

逻辑与，就是当条件式 1“与”条件式 2 都为真时结果为真(非 0 值)，否则为假(0 值)。也就是说，运算会先对条件式 1 进行判断，如果为真(非 0 值)，则继续对条件式 2 进行判断，当结果为真时，逻辑运算的结果为真(值为 1)，如果结果不为真，逻辑运算的结果为假(0 值)。如果在判断条件式 1 时就不为真，就不用再判断条件式 2 了，而直接给出运算结果为假。

逻辑或，是指只要两个运算条件中有一个为真时，运算结果就为真，只有当条件式都不为真时，逻辑运算结果才为假。

逻辑非，是把逻辑运算结果值取反，即如果两个条件式的运算值为真，进行逻辑非运算后则结果变为假，条件式运算值为假时最后逻辑结果为真。

同样，逻辑运算符也有优先级别，！(逻辑非)→&&(逻辑与)→||(逻辑或)，逻辑非的优先值最高。

如有！True || False && True

按逻辑运算的优先级别来分析则得到(True 代表真，False 代表假)

```
! True || False && True
False || False && True //! True 先运算得 False
False || False         //False && True 运算得 False
False                  //最终 False || False 得 False
```

5. 位运算符

汇编语言对位的处理能力是很强的，但是 C 语言也能对运算对象进行按位操作，从而使 C 语言也能具有一定的对硬件直接进行操作的能力。位运算符的作用是按位对变量进行运算，但是并不改变参与运算的变量的值。如果要求按位改变变量的值，则要利用相应的赋值运算。还有就是位运算符是不能用来对浮点型数据进行操作的。C51 中共有 6 种位运算符。

位运算一般的表达形式如下：

变量 1 位运算符 变量 2

位运算符也有优先级，从高到低依次是："～"（按位取反）→"＜＜"（左移）→"＞＞"（右移）→"&"（按位与）→"^"（按位异或）→"|"（按位或），表 3－4 是位逻辑运算符的真值表，X 表示变量 1，Y 表示变量 2。

表 3－4 按位取反，与、或和异或的逻辑真值表

X	Y	～X	～Y	X&Y	X|Y	X^Y
0	0	1	1	0	0	0
0	1	1	0	0	1	1
1	0	0	1	0	1	1
1	1	0	0	1	1	0

6. 复合赋值运算符

复合赋值运算符就是在赋值运算符"＝"的前面加上其他运算符。以下是 C 语言中的复合赋值运算符：

＋＝ 加法赋值＞＞＝ 右移位赋值

-＝ 减法赋值 &＝ 逻辑与赋值

*＝ 乘法赋值 |＝ 逻辑或赋值

/＝ 除法赋值^＝ 逻辑异或赋值

%＝ 取模赋值-＝ 逻辑非赋值

＜＜＝ 左移位赋值

复合运算的一般形式为：

变量 复合赋值运算符表达式

其含义就是变量与表达式先进行运算符所要求的运算，再把运算结果赋值给参与运算的变量。其实这是 C 语言中一种简化程序的方法，凡是二目运算都可以用复合赋值运算符去简化表达。例如：

a＋＝56 等价于 a＝a＋56

y/＝x＋9 等价于 y＝y/(x＋9)

很明显，采用复合赋值运算符会降低程序的可读性，但这样却可以使程序代码简单化，并能提高编译的效率。对于初学 C 语言的人在编程时最好还是根据自己的理解力和习惯去使用程序表达的方式，不要一味追求程序代码的短小。

7. 逗号运算符

如果具有编程经验，那么对逗号的作用也不会陌生了。如在 VB 中"Dim a,b,c"的逗号就是把多个变量定义为同一类型的变量，在 C 也一样，如"int a,b,c"，这些例子说明逗号用于分隔表达式用。但在 C 语言中逗号还是一种特殊的运算符，也就是逗号运算符，可以用它将两个或多个表达式连接起来，形成逗号表达式。逗号表达式的一般形式为：

表达式 1，表达式 2，表达式 3……表达式 n

这样，用逗号运算符组成的表达式在程序运行时，是从左到右计算出各个表达式的值，而整个用逗号运算符组成的表达式的值等于最右边表达式的值，就是"表达式 n"的值。在实际的应用中，大部分情况下，使用逗号表达式的目的只是为了分别得到各个表达

式的值，而并不一定要得到和使用整个逗号表达式的值。要注意的还有，并不是在程序的任何位置出现的逗号，都可以认为是逗号运算符。如函数中的参数，同类型变量定义中的逗号只是用于间隔，而不是逗号运算符。

8. 条件运算符

上面说过C语言中有一个三目运算符，它就是"?:"条件运算符，它要求有三个运算对象，可以把三个表达式连接构成一个条件表达式。条件表达式的一般形式如下：

逻辑表达式? 表达式1：表达式2

条件运算符的作用就是根据逻辑表达式的值选择使用表达式的值。当逻辑表达式的值为真时(非0值)时，整个表达式的值为表达式1的值；当逻辑表达式的值为假(值为0)时，整个表达式的值为表达式2的值。要注意的是条件表达式中逻辑表达式的类型可以与表达式1和表达式2的类型不一样。下面是一个逻辑表达式的例子。

如有a=1，b=2，这时要求取ab两数中的较小的值放入min变量中，也许你会这样写：

```
if (a<b)
    min = a;
else
    min =b;
```

这一段的意思是当a<b时min的值为a的值，否则为b的值。

用条件运算符去构成条件表达式就会变得简单明了：

```
min = (a<b)? a : b
```

很明显，它的结果和含义都和上面的一段程序是一样的，但是代码却比上一段程序少很多，编译的效率也相对要高，但有着和复合赋值表达式一样的缺点就是可读性相对较差。在实际应用时根据自己的习惯使用，作者本人喜欢使用较为好读的方式并加上适当的注解，这样可以有助于程序的调试和编写，也便于日后的修改读写。

9. 指针和地址运算符

前面讲数据类型时，学习过指针类型，知道它是一种存放指向另一个数据的地址的变量类型。指针是C语言中一个十分重要的概念，也是学习C语言的一个难点。对于指针将会在后面做详细的讲解。在这里先来了解一下C语言中提供的两个专门用于指针和地址的运算符：

* 取内容

& 取地址

取内容和地址的一般形式分别为：

变量= * 指针变量

指针变量= & 目标变量

取内容运算是将指针变量所指向的目标变量的值赋给左边的变量；取地址运算是将目标变量的地址赋给左边的变量。要注意的是：指针变量中只能存放地址(也就是指针型数据)，一般情况下不要将非指针类型的数据赋值给一个指针变量。

例3-6 用一个图表和实例去简单理解指针的用法和含义。

设有两个unsigned int变量ABC和CBA存放在0x0028，0x002A中；另有一个指针变量portA存放在0x002C中。那么写以下一段程序来看一下 *，& 的运算结果：

```
unsigned int data ABC _at_ 0x0028;
unsigned int data CBA _at_ 0x002A;
unsigned int data *Port _at_ 0x002C;
#include <at89x51.h>
#include <stdio.h>
void main(void)
{
    SCON = 0x50; //串口方式1,允许接收
    TMOD = 0x20; //定时器1定时方式2
    TH1 = 0xE8; //11.0592MHz 1200波特率
    TL1 = 0xE8;
    TI = 1;
    TR1 = 1; //启动定时器
    ABC = 10; //设初值
    CBA = 20;
    Port = &CBA; //取CBA的地址放到指针变量Port中
    *Port = 100; //更改指针变量Port所指向的地址的内容
    printf("1: CBA=%d\n",CBA); //显示此时CBA的值
    Port = &ABC; //取ABC的地址放到指针变量Port中
    CBA = *Port; //把当前Port所指的地址的内容赋给变量CBA

    printf("2: CBA=%d\n",CBA); //显示此时CBA的值
    printf(" ABC=%d\n",ABC); //显示ABC的值
}
```

程序初始时：

值	地址	说明
0x00	0x002DH	
0x00	0x002CH	
0x00	0x002BH	
0x00	0x002AH	
0x0A	0x0029H	
0x00	0x0028H	

执行 ABC = 10;向 ABC 所指的地址 0x28H 写入 10(0xA),因 ABC 是 int 类型,要占用 0x28H 和 0x29H 两个字节的内存空间,低位字节会放入高地址中,所以 0x28H 中放入 0x00,0x29H 中放入 0x0A：

值	地址	说明
0x00	0x002DH	
0x00	0x002CH	
0x00	0x002BH	
0x00	0x002AH	
0x0A	0x0029H	ABC 为 int 类型,占用两个字节
0x00	0x0028H	

执行 CBA = 20;原理和上一句一样:

值	地址	说明
0x00	0x002DH	
0x00	0x002CH	
0x14	0x002BH	CBA 为 int 类型,占用两个字节
0x00	0x002AH	
0x0A	0x0029H	ABC 为 int 类型,占用两个字节
0x00	0x0028H	

执行 Port = &CBA; 取 CBA 的首地址放到指针变量 Port 中:

值	地址	说明
0x00	0x002DH	
0x2A	0x002CH	CBA 的首地址存入 Port
0x14	0x002BH	
0x00	0x002AH	
0x0A	0x0029H	
0x00	0x0028H	

执行 * Port = 100; 更改指针变量 Port 所指向的地址的内容:

值	地址	说明
0x00	0x002DH	
0x2A	0x002CH	
0x64	0x002BH	Port 指向了 CBA 所在地址 2AH
0x00	0x002AH	并存入 100
0x0A	0x0029H	
0x00	0x0028H	

其他的语句也是一样的道理,大家可以用 Keil 的单步执行和打开存储器查看器一看(如图 3-5 和图 3-6 所示),这样就更容易理解了。

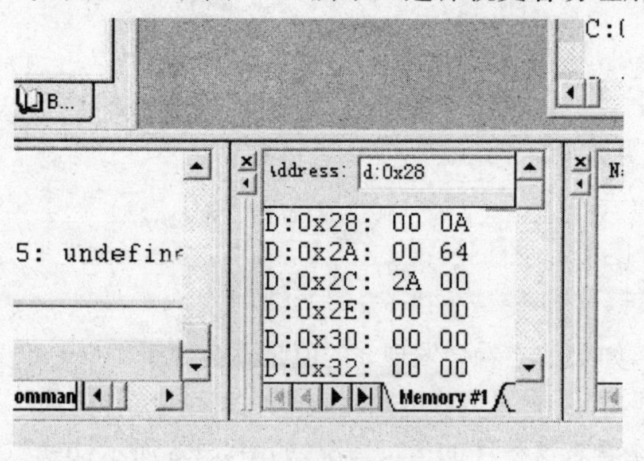

图 3-5 存储器查看窗

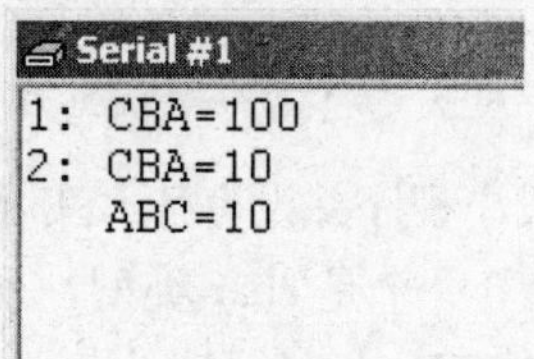

图 3-6 在串行调试窗口的最终结果

10. sizeof 运算符

sizeof 看上去确实是个奇怪的运算符,有点像函数,却又不是。sizeof 是用来求数据类型、变量或是表达式的字节数的一个运算符,但它并不像"="之类运算符那样在程序执行后才能计算出结果,它是直接在编译时产生结果的。它的语法如下:

sizeof (数据类型)

sizeof (表达式)

下面两句应用例句的程序可以试着编写一下。

```
printf("char 是多少个字节? %bd 字节\n",sizeof(char));
printf("long 是多少个字节? %bd 字节\n",sizeof(long));
```

结果是:

char 是多少个字节? 1B

long 是多少个字节? 4B

11. 强制类型转换运算符

用算术运算符和括号将运算对象连接起来的式子称为算术表达式。其中的运算对象包括常量、变量、函数、数组、结构等。例如:(2a+3b) * c/d。

C51 规定了算术运算符的优先级和结合性为:先乘除和取模,后加减,括号最优先。

如果一个运算符两侧的数据类型不同,则必须通过数据类型转换将数据转换成同种类型。转换方式有两种。其一是自动类型转换,即在程序编译时,由 C51 编译器自动进行数据类型转换,转换规则如图 3-7 所示。当参与运算的操作数类型不同时,先将精度较低的数据类型转换成较高的数据类型,运算结果为精度较高的数据类型。其二使用强制类型转换运算符,语句形式为:(类型名)(表达式)。

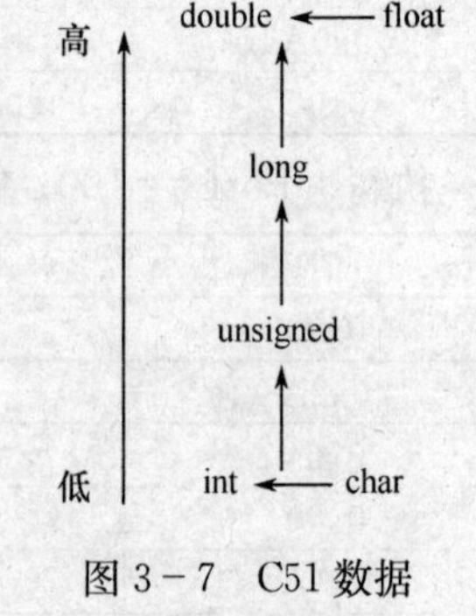

图 3-7 C51 数据类型转换

例如:

```
int a,b;          //a 为整数
(double)(a+b)  //将 a+b 强制转换成 double 类型
```

如果自己编程序,大概会遇到这样一个问题:两个不同数据类型的数在相互赋值时会出现不对的值。如下面的一段小程序:

```
void main(void)
{
    unsigned char a;
    unsigned int b;

    b=100 * 4;
    a=b;
    while(1);
}
```

这段小程序并没有什么实际的应用意义,如果细心看会发现 a 的值是不会等于 100 * 4 的。a 和 b 一个是 char 类型,一个是 int 类型,从以前的学习可知 char 只占一个字节,值最大只能是 255。但编译时为何不出错呢? 先来看看这程序的运行情况,如图 3-8 所示:b=100 * 4 就可以得知 b=0x190,这时可以在 Watches 窗口查看 a 的值,对于 watches 窗口前面简单学习过,在这个窗口 Locals 页里可以查看程序运行中的变量的值,也可以在 watch 页中输入所要查看的变量名对它的值进行查看。做法是按图 3-8 中 1 的 watch#1(或 watch#2),然后将光标移到图 3-8 中的 2 按 F2 键,这样就可以输入变量名了。在这里可以查看到 a 的值为 0x90,也就是 b 的低 8 位。这是因为执行了数据类型的隐式转换,隐式转换是在程

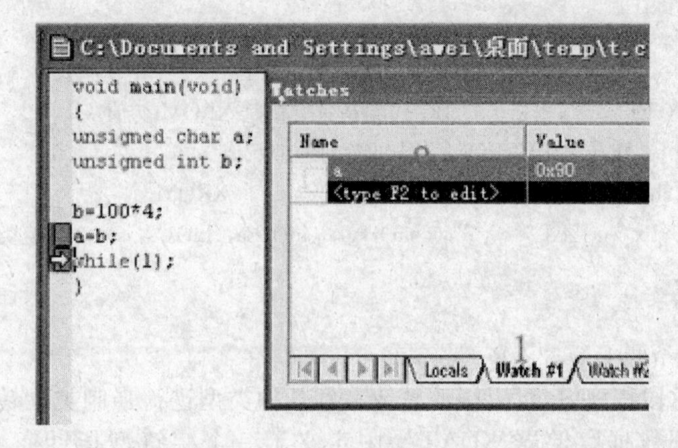

图 3-8　小程序的运行情况

序进行编译时由编译器自动去处理完成的。所以有必要了解隐式转换的规则：

（1）变量赋值时发生的隐式转换，“=”号右边的表达式的数据类型转换成左边变量的数据类型。就如上面例子中的把 INT 赋值给 CHAR 字符型变量，得到的 CHAR 将会是 INT 的低 8 位，如把浮点数赋值给整形变量，小数部分将丢失。

（2）所有 char 型的操作数转换成 int 型。

（3）两个具有不同数据类型的操作数用运算符连接时，隐式转换会按以下次序进行：如有一操作数是 float 类型，则另一个操作数也会转换成 float 类型；如果一个操作数为 long 类型，另一个也转换成 long；如果一个操作数是 unsigned 类型，则另一个操作会被转换成 unsigned 类型。

从上面的规则可以大概知道有哪几种数据类型是可以进行隐式转换的。是的，在 C51 中只有 char，int，long 及 float 这几种基本的数据类型可以被隐式转换，而其他的数据类型就只能用到显示转换，要使用强制转换运算符应遵循以下的表达形式：

（类型）表达式

用显示类型转换来处理不同类型的数据间运算和赋值是十分方便的，特别对指针变量赋值是很有用的。看下面一段小程序：

例 3-7　类型转换示例程序。

```
#include <at89x51.h>
#include <stdio.h>
void main(void)
{
    char xdata * XROM;
    char a;
    int Aa = 0xFB1C;
    long Ba = 0x893B7832;
    float Ca = 3.4534;
    SCON = 0x50; //串口方式 1,允许接收
    TMOD = 0x20; //定时器 1 定时方式 2
    TH1 = 0xE8; //11.0592MHz 1200 波特率
    TL1 = 0xE8;
```

```
    TI = 1;
    TR1 = 1; //启动定时器
    XROM=(char xdata *) 0xB012; //给指针变量赋 XROM 初值
    *XROM = 'R'; //给 XROM 指向的绝对地址赋值
    a = *((char xdata *) 0xB012); //等同于 a = *XROM
    printf ("%bx %x %d %c \n",(char) Aa, (int) Ba,(int)Ca, a);//转换类型并输出
    while(1);
}
```

程序运行结果:1c 7832 3 R

在例 3-7 这段程序中,可以很清楚地看到各种类型进行强制类型转换的基本用法,程序中先在外部数据存储器 XDATA 中定义了一个字符型指针变量 XROM,当用 XROM=(char xdata *)0xB012 这一语句时,便把 0xB012 这个地址指针赋予了 XROM,如用 XROM 则会是非法的,这种方法特别适合于用标识符来存取绝对地址,如在程序前用 #define ROM 0xB012 这样的语句,在程序中就可以用上面的方法,用 ROM 对绝对地址 0xB012 进行存取操作了。

3.4 Cx51 程序的基本语句

3.4.1 表达式语句

3.3 节介绍了大部分的基本语法,本节介绍的各种基本语句的语法可以说是组成 C51 程序的灵魂。在前面的例子里,也简单理解过一些语句的用法,可以看出,C 语言是一种结构化的程序设计语言。C 语言提供了相当丰富的程序控制语句,学习掌握这些语句的用法也是 C 语言学习中的重点。

表达式语句是最基本的一种语句。不同的程序设计语言都会有不一样的表达式语句,如 VB 就是在表达式后面加入回车就构成了 VB 的表达式语句,而在 8051 单片机的 C 语言中则是加入分号";"构成表达式语句。举例如下:

```
b = b * 10;
Count++;
X = A;Y = B;
Page = (a+b)/a-1;
```

以上都是合法的表达式语句。初学者往往在编写调试程序时忽略了分号";",造成程序无法被正常编译。笔者的经验是在遇到编译错误时先看语法是否有误,这在初学时往往会因在程序中加入了全角符号、运算符打错漏掉或没有在后面加分号";"。

在 C 语言中有一个特殊的表达式语句,称为空语句,它仅仅是由一个分号";"组成。有时候为了使语法正确,就要求有一个语句,但这个语句又没有实际的运行效果,那么这时就要有一个空语句。

空语句通常会有以下两种用法:

(1)while,for 构成的循环语句后面加一个分号,形成一个不执行其他操作的空循环体。笔者常常会用它来写等待事件发生的程序。大家要注意的是";"号作为空语句使用

时，要与语句中有效组成部分的分号相区分，如 for（；a＜50000；a＋＋）；第一个分号也应该算是空语句，它会使 a 赋值为 0（但要注意的是如程序前有 a 值，则 a 的初值为 a 的当前值），最后一个分号则使整个语句形成一个空循环。那么 for（；a＜50000；a＋＋）；就相当于 for(a＝0；a＜50000；a＋＋)。习惯上一般用后面的写法，这样能使人更容易读明白。

（2）在程序中为有关语句提供标号，标记程序执行的位置，使相关语句能跳转到要执行的位置，这会用在 goto 语句中。

例 3－8 的示例程序简单说明了 while 空语句的用法。硬件的功能很简单，就是在 P3.7 上接一个开关，当开关按下时 P1 上的灯会全亮起来。当然实际应用中按键的功能实现并没有这么简单，往往还要进行防抖动处理等。先在实验板上加一个按键。电路图如图 3－9 所示。

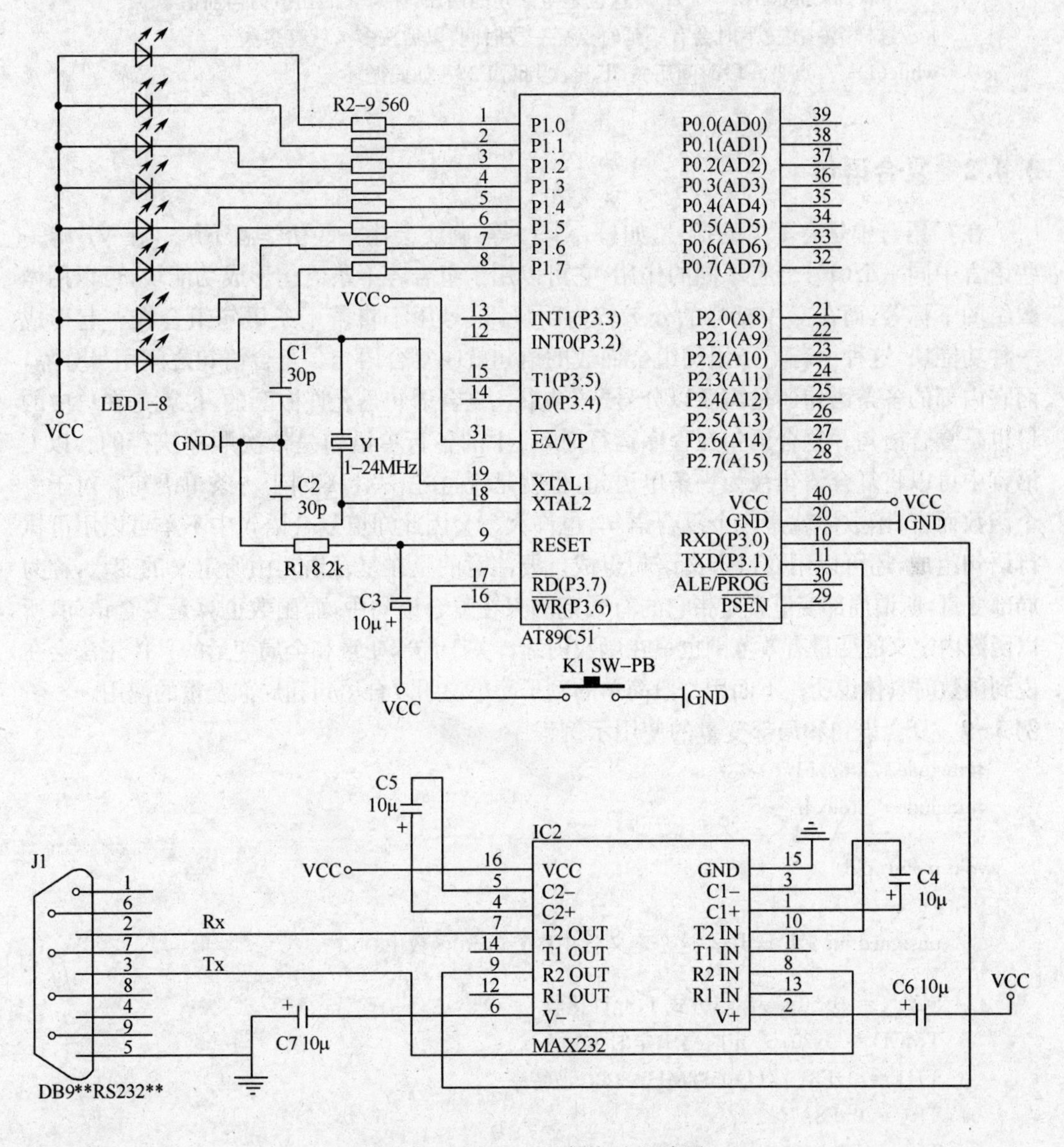

图 3－9　例 3－8 示例实验电路图

例 3-8 while 空语句的用法示例程序。

```
#include <AT89x51.h>

void main(void)
{
    unsigned int a;
    do
    {
        P1 = 0xFF; //关闭 P1 上的 LED
        while(P3_7); //空语句,等待 P3_7 按下为低电平,低电平时执行下面的语句
        P1 = 0; //点亮 LED
        for(;a<60000;a++); //这也是空语句的用法,注意 a 的初值为当前值
    } //这样第一次按下时会有一延时点亮一段时间,以后按多久就亮多久
    while(1); //点亮一段时间后关闭,再次判断 P3_7,如此循环
}
```

3.4.2 复合语句

在C语言中是有不少的括号,如{},[],()等,确实会让一些初学者不解。在VB等一些语言中同一个()号会有不同的作用,它可以用于组合若干条语句形成功能块,可以用做数组的下标等,而在C中括号的分工较为明显,{}号用于将若干条语句组合在一起形成一种功能块,这种由若干条语句组合而成的语句就叫复合语句。复合语句之间用{}分隔,而它内部的各条语句还是需要以分号";"结束。复合语句是允许嵌套的,也就是在{}中的{}也是复合语句。复合语句在程序运行时,{}中的各行单语句是依次顺序执行的。以C语言中可以将复合语句视为一条单语句,也就是说,在语法上等同于一条单语句。对于一个函数而言,函数体就是一个复合语句,也许大家会因此知道复合语句中不单可以用可执行语句组成,还可以用变量定义语句组成。要注意的是在复合语句中所定义的变量,称为局部变量,所谓局部变量就是指它的有效范围只在复合语句中,而函数也算是复合语句,所以函数内定义的变量有效范围也只在函数内部。关于局部变量和全局变量的具体用法会在说到函数时具体说明。下面用一段简单的例子简单说明复合语句和局部变量的使用。

例 3-9 复合语句和局部变量的使用示例程序。

```
#include <at89x51.h>
#include <stdio.h>

void main(void)
{
    unsigned int a,b,c,d; //这个定义会在整个 main 函数中

    SCON = 0x50; //串口方式 1,允许接收
    TMOD = 0x20; //定时器 1 定时方式 2
    TH1 = 0xE8; //11.0592MHz 1200 波特率
    TL1 = 0xE8;
    TI = 1;
    TR1 = 1; //启动定时器
```

```
    a = 5;
    b = 6;
    c = 7;
    d = 8; //这会在整个函数有效
    printf("0: %d,%d,%d,%d\n",a,b,c,d);
    {  //复合语句 1
        unsigned int a,e; //只在复合语句 1 中有效
        a = 10,e = 100;
        printf("1: %d,%d,%d,%d,%d\n",a,b,c,d,e);
        {  //复合语句 2
            unsigned int b,f; //只在复合语句 2 中有效
            b = 11,f = 200;
            printf("2: %d,%d,%d,%d,%d,%d\n",a,b,c,d,e,f);
        }  //复合语句 2 结束
        printf("1: %d,%d,%d,%d,%d\n",a,b,c,d,e);
    }//复合语句 1 结束
    printf("0: %d,%d,%d,%d\n",a,b,c,d);

    while(1);
}
```

运行结果：

```
0:5,6,7,8
1: 10,6,7,8,100
2: 10,11,7,8,100,200
1: 10,6,7,8,100
0:5,6,7,8
```

结合以上的说明想想为何结果会是这样。

3.4.3 C51 流程控制语句

和 ANSI C 的程序结构类似，C51 程序结构也可以分为顺序结构、选择结构或分支结构、循环结构三种基本类型。下面对选择结构或分支结构、循环结构用到的 C51 流程控制语句作简要的介绍。

1. 选择控制语句

C51 的选择控制语句主要有 if 语句和 switch/case 语句。

1) if 语句

C51 提供三种形式的 if 语句：

① if(表达式){语句;}

② if(表达式){语句 1;} else {语句 2;}

③ if (表达式 1){语句 1;}
   else if(表达式 2){语句 2;}
   else if(表达式 3){语句 3;}

此外，如果一个 if 语句中又含有一个或多个 if 语句，则称为 if 语句嵌套。在 if 语句嵌套中应注意 if 与 else 的对应关系，else 总是与它前面最近的一个 if 语句相对应。

例 3-10 某浮点数的范围为 0.000～9999，试编写一个函数返回浮点数的小数点位置。

解：此题的基本思路是根据浮点数的 4 种取值范围给出 4 种不同的返回值，可以约定当浮点数的大小为 0.000～9.999、10.00～99.99、100.0～999.9、1000～9999 时，分别返回 0、1、2 和 3。参考 C 程序如下：

```
int ftochar(float valp)
{
int dotno=0;
if(valp<10.0) dotno=0;
        else if((valp>=10.0)&&(valp<100.0)) dotno=1;
        else if((valp>=100.0)&&(valp<1000.0)) dotno=2;
        else if(valp>=1000.0) dotno=3;
        return dotno;
}
```

根据小数点的位置，即可在实际的单片机系统中显示出浮点数或小数。

2) switch/case 语句

switch/case 是 C51 的多分支选择语句，它的一般形式如下：

```
switch(表达式)
    {
    case 常量表达式 1:语句 1; break;
    case 常量表达式 2:语句 2; break;
    …
    case 常量表达式 n:语句 n; break;
    default:语句 n+1;
    }
```

switch 括号中的表达式的值与某一 case 后面的常量表达式的值相同时，就执行它后面的语句（可以是复合语句），遇到 break 语句则退出 switch 语句。若所有的 case 中的常量表达式的值都没有与表达式的值相匹配时，就执行 default 后面的语句。每一个 case 的常量表达式必须是互不相同的，否则将出现混乱局面。各个 case 和 default 出现的次序，不影响程序的执行结果。如果在 case 语句中遗忘了 break 语句，则程序执行了本行之后，不会按规定退出 switch 语句，而是将执行后续的 case 语句。

例 3-11 AT89C51 单片机的 P1.0 和 P1.1 引脚接有两只按键，其 4 种逻辑组合分别点亮由 P2.0～P2.3 控制的 4 只 LED（高电平点亮），试编程实现此功能。

解：参考 C 程序如下：

```
#include <at89x51.h>
void main()
{
    char a;
    do
        {
```

```
        a=P1;
        a=a&0x03; //屏蔽高6位
        P2=P2&0xf0;
        switch (a)
            {
            case0:P2=P2|0x01;break;
            case1:P2=P2|0x02;break;
            case2:P2=P2|0x04;break;
            case3:P2=P2|0x08;
            }
        }while(1);
}
```

2. 循环语句

循环程序主要有“当型”循环和“直到型”循环两种,C51对此提供了4种实现方法。

1) 基于if和goto构成的循环

采用if和goto可以构成“当型”循环程序,其格式如下:

```
loop:if(表达式)
    {
    语句;
    goto loop;
    }
```

loop是语句标号,或称为标识符,原则上任何一条语句都可以有标号,标号和语句用“:”号分开。

采用if和goto也可以构成“直到型”循环程序,其格式如下:

```
loop:{
    语句;
    if(表达式)goto loop;
    }
```

goto语句为无条件转向语句,它的一般形式是:

```
goto 语句标号;
```

按照软件工程的有关思想,在程序设计中应避免使用或尽量少使用goto,以提高程序的可读性。

2) 基于while语句构成的循环

while语句只能用来实现“当型”循环,其一般格式如下:

```
while(表达式)
{
语句;//可以是复合语句
}
```

while语句首先计算表达式的值;若其值为非0,则执行内嵌语句,若其值为0,则退出while循环。

3) 基于do-while语句构成的循环

do-while 语句只能用来实现“直到型”循环，其一般格式是：

```
do
{
语句;//可以是复合语句
} while(表达式);
```

do-while 语句的特点是先执行内嵌的语句，再计算表达式，如果表达式的值为非 0，则继续执行内嵌的语句，直到表达式的值为 0 时结束循环。

例 3-12 实型数组 sample 存有 10 个采样值，用 C 语言编写一个函数返回其平均值（即平均值滤波程序）。

解：C 参考程序如下：

```
float avg(float * sample)
    {
    float sum=0;
    char no=0;
    do
        {
        sum += sample[no];
        no++;
        } while(no<10);
    return (sum/10);
    }
```

4）基于 for 语句构成的循环

for 语句的一般形式为：

```
for(表达式 1;表达式 2;表达式 3)
    {
    语句;
    }
```

它的执行过程是：首先求解表达式 1；其次求解表达式 2，若其值非 0，则执行内嵌语句，否则退出循环；最后求解表达式 3，并回到第 2 步。

在 for 语句中，可以没有表达式 1、表达式 2 或表达式 3，若三个表达式都没有，则相当于一个死循环。

例 3-13 求自然数 1～100 的累加和，并用 printf( )函数通过单片机的串口显示在终端上。

解：C 参考程序如下：

```
#include<aduc812.h>
#include<atdio.h>
int getsum (void);
main( )
{
SCON = 0x50; //如用 Keil C 进行模拟调试或使用 printf( ),必须初始化 SCON
TMOD = TMOD|0x20; //定时器 T1 工作在方式 2,用作波特率控制
```

```
TH1 = 0xfd; // 9600b/s 对应 T1 的时间常数为 0xfd
TL1 =0xfd;
TR1 = 1; //启动 T1
TI = 1; //启动发送,以发送第一个字符
printf("%d\n",getsum());
do{ }while(1);
}
int getsum (void)
{
int sum=0;
int n;
for (n=1;n<=100;n++)
    {
    sum=sum+n;
    }
return sum;
}
```

3. C51 的中断控制

C51 编译器支持在 C51 源程序中直接开发中断过程或中断函数,但中断函数是由中断系统自动调用的。用户在主程序或函数中一般不能调用中断函数,否则容易导致混乱。中断函数的定义如下:

返回值函数名 interrupt n using r

其中,interrupt 和 using 为关键字,*n* 为中断源的编号,*n* 为 0～5,分别对应外部中断 0、定时器/计数器 0 中断、外部中断 1、定时器/计数器 1 中断、串口中断和定时器/计数器 2 中断。对于中断源超过 6 个的 MCS-51 及其兼容单片机则依此类推。*r* 为工作寄存器组,其取值范围为 0～3,若选择了寄存器组,则按程序员的安排进行编译,否则由编译器自动分配。大多数情况下都可以选择自动分配。

例 3-14 设 Aduc812 的时钟频率为 12MHz,利用定时中断在其 P1.0 引脚输出周期为 2s 的方波。

解:C 参考程序如下:

```
#include<aduc812.h>
int t0int_no = 0;
sbit p11 = P1^0;
main( )
{
TMOD = 0x1;          //定时器 T0 按方式 1 工作
TH0 = 0x3c;          //每隔 50ms 产生 1 次中断
TL0 = 0xb0;
IE = 0x82;           //开放中断
TR0 = 1;
p11 = 0;             //初始值为低电平
do{ } while(1);      //死循环,等价于汇编语言的 SJMP $
```

```
}
void time0_int ( void ) interrupt 1
{
TH0 = 0x3c;           //重置时间常数
TL0 = 0xb0;
t0int_no++;           //对中断次数进行累计,中断 20 次则对 P1.0 进行一次取反操作
if( t0int_no >= 20 )
    {
    t0int_no = 0;
    p11= ~p11;
    }
}
```

3.5 函　　数

C51 源程序是由函数组成的,通过对函数模块的调用实现特定的功能,C 语言中的函数相当于其他高级语言的子程序。C 语言不仅提供了极为丰富的库函数,还允许用户建立自己定义的函数。用户可把自己的算法编写成一个个相对独立的函数模块,然后用调用的方法来使用函数,由于采用了函数模块式的结构,C 语言易于实现结构化程序设计。

3.5.1 函数的分类与定义

1. 函数的分类

从 C 语言程序的结构上划分,C 语言函数分为主函数 main( )和普通函数两种,而对于普通函数,从不同的角度或以不同的形式又可以分为标准库函数和用户自定义函数。

标准库函数是由 C 编译系统提供的库函数,在 C 编译系统中将一些独立的功能模块编写成公用函数,并将它们集中存放在系统的函数库中,供程序设计时使用,称为标准库函数。

用户自定义函数是用户根据自己的需要而编写的函数,从函数定义的形式上可以将其划分为无参数函数、有参数函数和空函数。

无参数函数被调用时,既无参数输入,也不返回结果给调用函数,它是为完成某种操作而编写的函数。有参数函数在被调用时,必须提供实际的输入参数,必须说明与实际参数一一对应的形式参数,并在函数结束时返回结果供调用它的函数使用。定义空函数的目的是为了以后程序功能的扩充,空类型说明符为"void"。

2. 函数的定义

函数定义的一般形式为:

```
返回值类型函数名(形式参数列表)
{
函数体;
}
```

返回值类型可以是基本数据类型(int、char、float、double 等)及指针类型。当函数没

有返回值时，则使用标识符 void 进行说明。若没有指定函数的返回值类型，默认返回值则为整型类型。一个函数只能有一个返回值，该返回值是通过函数中的 return 语句获得的。

函数名必须是一个合法标识符。

形式参数（简称形参）列表包括了函数所需全部参数的定义，形式参数可以是基本数据类型的数据、指针类型数据、数组等。在没有调用函数时，函数的形参和函数内部的变量未被分配内存单元，即它们是不存在的。

函数体由两部分组成：函数内部变量定义和函数体其他语句。

各函数的定义是独立的，函数的定义不能在另一个函数的内部。

例 3-15 可控的延时子程序。

```
Void delay(unsigned int b)
    {
    unsigned int a;
    For(a=0;a<b;a++)
    {
    ;
    }
}
```

3.5.2 函数的调用

函数调用的一般形式为：

函数名（实际参数列表）；

在一个函数中需要用到某个函数的功能时，就调用该函数。调用者称为主调函数，被调用者称为被调函数。若被调函数是有参函数，则主调函数必须把被调函数所需的参数传递给被调函数。传递给被调函数的数据称为实际参数（简称实参），必须与形参在数量、类型和顺序上都一致。实参可以是常量、变量和表达式；实参对形参的数据传递是单向的，即只能将实参传递给形参。

和 ANSI C 相似，C51 也支持函数的嵌套调用和递归调用，也通过指向函数的指针变量来调用函数。

例 3-16 函数调用示例程序。

```
Int max(int a,int b)
{if(a>b)return a;
Else return b;
}

Main
{
Int c,d;
...
Max(c,d)
}
```

3.6 数组与指针

C51的构造数据类型主要有数组、指针和结构等。在单片机系统中,数组的应用比较广泛,指针则次之,结构用得相对较少,这和单片机系统的要求以及用户的程序设计习惯有一定的关系。

3.6.1 数组

数组是同类型数据的一个有序集合。数组用一个名字来标识,称为数组名。数组中各元素的顺序用下标表示,下标为n的元素可以表示为数组名[n]。改变[ ]中的下标就可以访问数组中的所有元素。

1. 一维数组

由具有一个下标的数组元素组成的数组称为一维数组,定义一维数组的一般形式如下:

类型说明符数组名[元素个数];

其中,数组名是一个标识符,元素个数是一个常量表达式,不能是含有变量的表达式。

例如:

```
int demo1[10];//定义一个数组名为 demo1 的数组,数组包含 10 个整型元素
```

在定义数组时可以对数组进行整体初始化,若定义后想对数组赋值,则只能对每个元素分别赋值。

例如:

```
int a[5]={1,2,3,4,5};//给全部元素赋值,a[0]=1,a[1]=2,a[2]=3,a[3]=4,a[4]=5
int b[6]={1,2,6};//给部分元素赋值,b[0]=1,b[1]=2,b[2]=6,b[3]=b[4]=b[5]=0
```

2. 二维数组或多维数组

数组具有两个或两个以上下标,则称为二维数组或多维数组。定义二维数组的一般形式如下:

类型说明符数组名[行数][列数];

其中,数组名是一个标识符,行数和列数都是常量表达式。

例如:

```
float demo2[3][4];//demo2 数组有 3 行 4 列共 12 个实型元素
```

二维数组也可以在定义时进行整体初始化,也可以在定义后单个地进行赋值。

例如:

```
int a[3][4]={{1,2,3,4},{5,6,7,8},{9,10,11,12}};//全部初始化
int b[3][4]={{1,2,3,4},{5,6,7,8},{}};//部分初始化,未初始化的元素为 0
```

3. 字符数组

若一个数组的元素是字符型的,则该数组就是一个字符数组。

例如:

```
char a[12]={"Chong Qing"};//字符数组
char add[3][6]={"weight","height","width"}; //字符串数组
```

3.6.2 指针

C51 支持“基于存储器”的指针和“一般”指针。当定义一个指针变量时，若未给出它所指向的对象的存储类型，则该指针变量被认为是一般指针；反之若给出了它所指对象的存储类型，则该指针被认为是基于存储器的指针。

1. 基于存储器的指针

在定义一个指针时，若给出了它所指对象的存储类型，则该指针是基于存储器的指针。例如：

```
char xdata * px;        // px 指向一个存在片外 RAM 的字符变量
                        // px 本身在默认的存储器中(由编译模式决定)，占用 2B
char xdata * data py;   // px 指向一个存在片外 RAM 的字符变量
                        // py 本身在 RAM 中，与编译模式无关，占用 2B
```

2. 一般指针

在函数的调用中，函数的指针参数需要用一般指针。一般指针的说明形式如下：

数据类型 * 指针变量

如：char * pz;

这里没有给出 pz 所指变量的存储类型，pz 处于编译模式默认的存储区，长度为 3B，其格式如表 3－5 所示。存储类型由编译模式决定，不同的存储区域的编码值如表 3－6 所示。

表 3－5 一般指针占用的 3B 及其分配

地址	+0	+1	+2
内容	存储类型的编码	高位地址偏移量	低位地址偏移量

表 3－6 存储类型的编码值

存储类型	idata	xdata	pdata	data	code
编码值	1	2	3	4	5

在使用常量指针时，必须正确定义存储类型和偏移量。

例如：要将数值 0x55 写入地址为 0x8000 的片外 RAM 单元，则可编写如下语句：

```
#include <absacc.h>
XBYTE[0x8000]=0x41; //XBYTE 是一个指针，头文件 absacc.h 已对其进行了定义
#define XBYTE ((unsigned char *) 0x2000L);
```

XBYTE 被定义为(unsigned char *) 0x2000L，是一般指针，其存储类型为 2，即 xdata 型，偏移量是 0000，这样，XBYTE 成为指向片外 RAM 零地址单元的指针。而 XBYTE[8000]则表示地址为 0x8000 的片外 RAM 单元。

3.6.3 结构

根据不同程序员的使用习惯，也可以使用 C51 提供的结构。

1. 结构类型的定义

结构类型的定义如下：

```
struct 结构名
    {
    结构成员说明; //和定义基本数据类型相似
```

```
    };
```

例如,一个名为 date 的结构类型可以定义如下:

```
struct date
    {
    int month;
    int day;
    int year;
    }
```

2. 定义结构的变量

结构的变量可以在定义结构时进行定义,也可以先定义结构类型,再定义该结构的变量。

例如:

```
date date1,date2;//先定义结构 date,再定义其结构的变量 date1 和 date2。
struct student
    {
    int no;
    char name[20];
    int grade;
    } wangxiao,liping;//定义结构时即定义结构的变量 date1 和 date2。
```

3. 结构类型变量的引用

使用成员运算符"·"实现对结构成员的引用。

例如:

```
date1.year = 2003;
date1.month = 12;
date1.day = 25;
```

C51 还提供了其他构造数据类型,但在单片机系统中使用得比较少,次序从略。

3.7 C51 应用编程实例

例 3-17 在 3.3.3 节循环语句示例的基础上,要求滤波函数能去掉实型数组 sample 中的最大值和最小值,返回余下 8 个实型数的平均值,并通过主程序调用该函数打印出结果。

解:C 参考程序如下:

```
#include<aduc812.h>
#include<stdio.h>
float demo[ ]={67.5,2.0,3.0,4.0,5.0,30.6,7.0,8.0,9.0,10.0};
float avg2(float *);
main()
{
SCON = 0x50; //初始化 SCON,用串口支持 printf( )函数,参考附录 B
TMOD = TMOD|0x20; //定时器 T1 工作在方式 2,用作波特率控制
TH1 = 0xfd;         // 9600b/s 对应 T1 的时间常数为 0xfd
TL1 =0xfd;
```

```
TR1 = 1;//启动 T1
TI = 1; //启动发送,以发送第一个字符
printf("%f\n",avg2(demo));
do{ }while(1);
}
float avg2(float * sample)
    {
    float max,min,sum;
    char no=1;
    max=min=sum=sample[0];
    for(no=1;no<10;no++)
        {
        if(max < sample[no]) max=sample[no];
        if(min > sample[no]) min=sample[no];
        sum += sample[no];
        }
    return ((sum-max-min)/8);
    }
```

例 3-18 如图 3-10 所示,单片机扩展可编程接口芯片 8155,8155PA 口控制 8 只发光

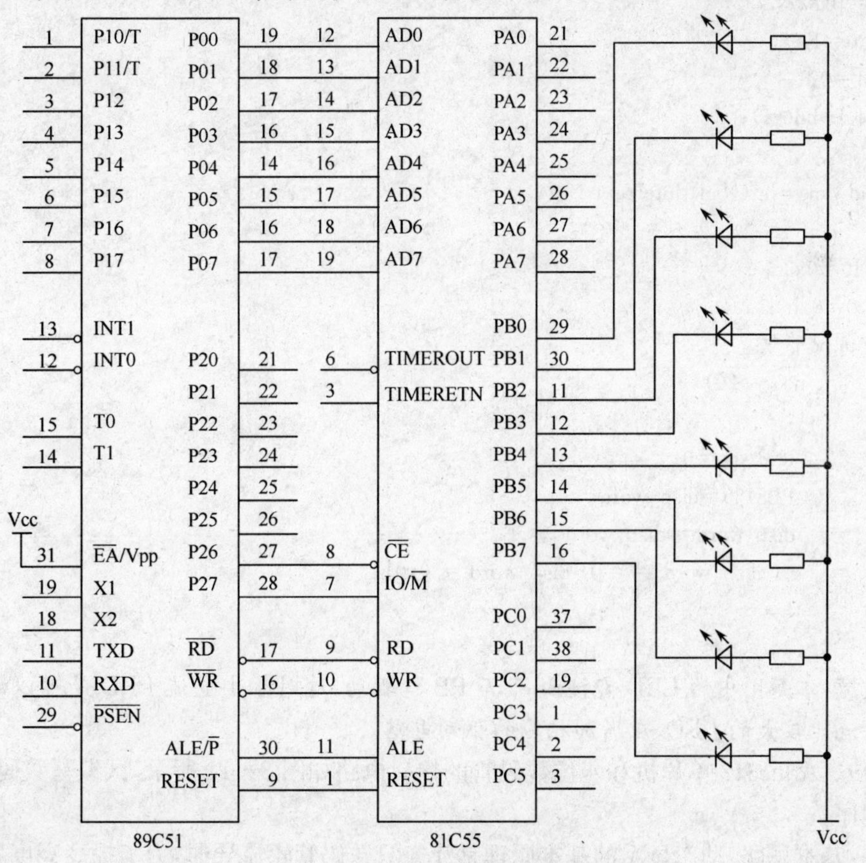

图 3-10 例 3-18 接口电路图

二极管,要求 8 只 LED 形成走马灯,每位点亮的时间为 1s。

解:由图 3-10 可知,8155 的端口地址如下:

命令口地址(COM8155):8000H

PA 口地址(PA8155):8001H

PB 口地址(PB8155):8002H

PC 口地址(PC8155):8003H

在本例只用到命令口和 PB 口,把 8155PB 口定义成输出即可,于是命令字为 02H,参考程序如下:

```
#include<at89x51.h>
#include <absacc.h>
#define COM8155 XBYTE[0x8000]
#define PB8155 XBYTE[0x8002]
int t0int_no=0;
main()
{
TMOD=0x1;
TH0=0x3c;
TL0=0xb0;
IE=0x82;
TR0=1;
p11=0;
do{ }while(1);
}
void time0_int(void) interrupt 1
{
TH0=0x3c;
TL0=0xb0;
t0int_no++;
if(t0int_no>=20)
        {
        t0int_no=0;
        PB8155=disp_word;
        disp_word= disp_word<<1;
        if( disp_word = =0) disp_word = 0x01;
        }
}
```

注意:本题图中的 LED 直接由 8155 PB 口驱动,这对于小电流 LED 是可以的,对于驱动电流比较大的 LED,应增加相应的驱动电路。

例 3-19 Aduc812 单片机和 4 位数码管的接口电路如图 3-11 所示,试编写数码管动态显示程序。

解:基本思路:动态显示的基本原理是让 4 只数码管轮流导通,为了提高亮度,每只数码管的导通时间应占整个扫描周期的 1/4,即每时每刻都有一只数码管工作,整个扫描周

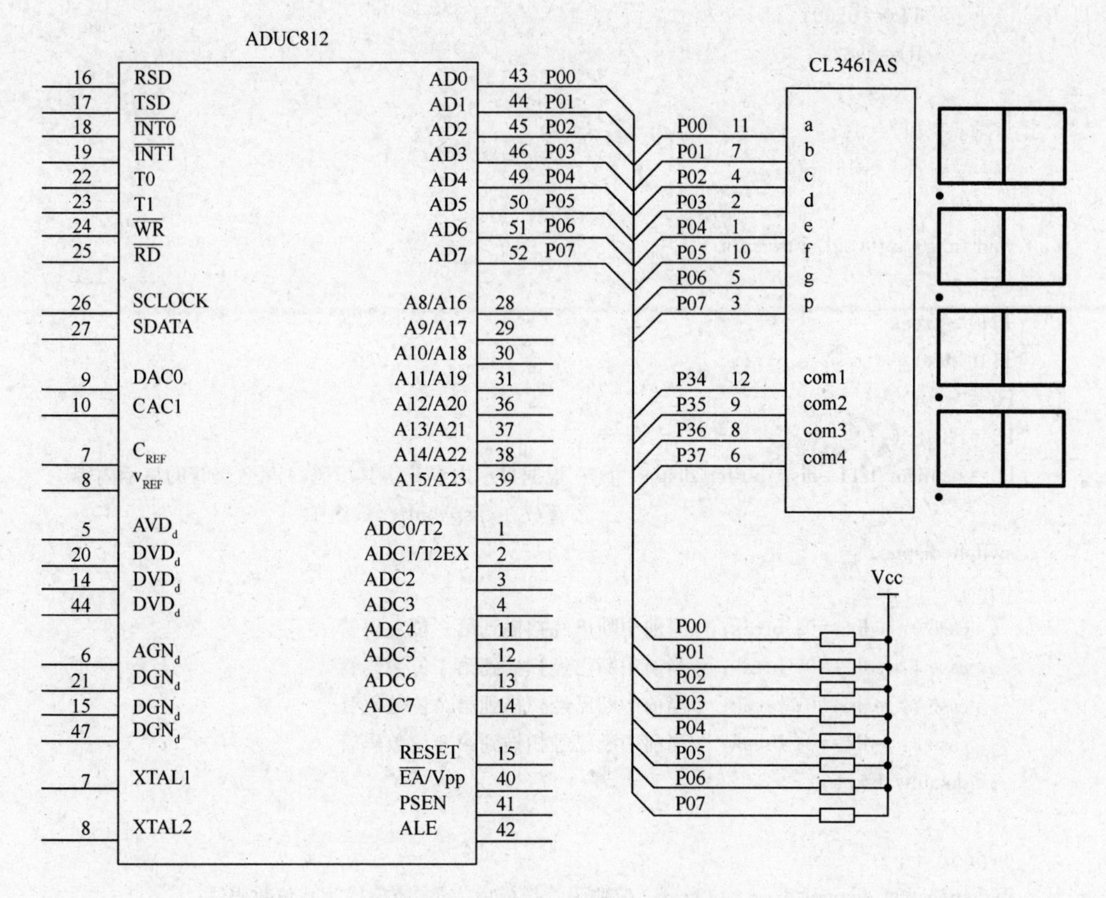

图 3－11 例 3－19 接口电路图

期应小于或等于 20ms。软件延时实现的数码管动态显示无法让 4 只数码管的工作时间等于扫描周期，总是小于扫描周期，所以无法达到应有的亮度。实际的单片机系统不可能采用软件延时实现数码管的动态显示，而是采用定时中断实现。每中断一次扫描 1 位数码管，中断 4 次即为 1 个扫描周期，在中断间隔时间内，该位数码管始终点亮。

C 参考程序如下：

```
#include<aduc812.h>
unsigned char data disp_buffer[4]={12,0,0,0};
unsigned char dispno=0;
unsigned char data disp_buffer[4]={1,2,3,4};
unsigned char code segment_table[]={0x3f,0x06,0x5b,0x4f,0x66,0x6d,0x7d,0x07,0x7f,0x6f};
sbit ledb3=P3^4;
sbit ledb2=P3^5;
sbit ledb1=P3^6;
sbit ledb0=P3^7;
        main()
        {
        TMOD=0x1;
        TH0=0xee; //设时钟为 11.0592MHz，每 5ms 中断 1 次
```

```
        TL0=0x00;
        IE=0x82;
        TR0=1;
        p11=0;
        do{ }while(1);
        }
void time0_int(void) interrupt 1
{
TH0=0xee;
TL0=0x00;
P0=0x00;
P3=P3|0xf0;
P0=segment_table[disp_buffer[dispno]]; //根据显示内容获得其段码,4只数码管的显示内容
                                       //存放在disp_buffer数组中
switch(dispno)
    {
    case 0: ledb3=0; break; //当前中断已经扫描到第0位数码管
    case 1: ledb2=0; break; //当前中断已经扫描到第1位数码管
    case 2: ledb1=0; break; //当前中断已经扫描到第2位数码管
    case 3: ledb0=0; break; //当前中断已经扫描到第3位数码管
    default: break;
    }
dispno++;
if(dispno>3) dispno=0;    //当第3位数码管扫描后,下次应扫描第0位数码管
}
```

例3-20 在3.3.3选择控制语句示例的基础上,同时返回浮点数对应的4位单字符和小数点位置。

解:为了便于单片机系统的显示,往往需要将待显示的浮点数拆分成单个的字符,再将这些字符显示在数码管或LCD上,并根据小数点的位置编号,显示出小数点。下列函数能够将大小范围在0.000~9999的浮点数拆分成单字符,并以指针的形式返回,其中前4个元素为拆分出的4个单字符,第5个元素为小数点编号。

C参考程序如下:

```
unsigned char * float_char(float valp)
{
char idata disp[5]; //存放浮点数对应的4个单字符和小数点位置编号
if(valp<10.0)
//是0.000~9.999之间的浮点数,乘以1000取整后为4位整数,小数点位置号为0
  { disp[4]=0;
  valp *=1000.0;
  }
  else if((valp>=10.0)&&(valp<100.0))
//是10.00~99.99之间的浮点数,乘以100取整后为4位整数,小数点位置号为1
```

```
        {
        disp[4]=1;
        valp *=100.0;
        }
        else if((valp>=100.0)&&(valp<1000.0))
//是100.0～999.9之间的浮点数,乘以10取整后为4位整数,小数点位置号为2
          {
          disp[4]=2;
          valp *=10.0;
          }
          else if(valp>=1000.0) disp[4]=3; //是1000～9999之间的浮点数,小数点位置号为3
disp[0]=(int)valp/1000; //千位
disp[1]=((int)valp%1000)/100; //百位
disp[2]=(((int)valp%1000)%100)/10; //十位
disp[3]=(((int)valp%1000)%100)%10; //个位
return disp; //返回一个指针
}
```

例3-21　Aduc812的ADC6通道接有一个0～5V的电压信号,试编程返回该通道的输入电压值。

解:通过控制寄存器ADCCON1、ADCCON2和ADCCON3,可以实现Aduc812内部集成A/D转换器的采样控制,关于寄存器介绍,请读者参考第4章。

参考程序如下:

```
#include<aduc812.h>
float adc(void)
main( )
{
ADCCON1=0x7c; //ADC正常工作,8分频,9个时钟周期,禁止定时器触发和外触发
ADCCON2=(ADCCON2&0xf0)|0x06; //通道号为6,选择单次转换
SCONV=1;        //启动A/D转换
for(;;)
    {
    printf("%f\n",adc( ));
    }
}
float adc(void)
{
char status;
float ftemp;
do {
    status=ADCCON3&0x80;//转换结束时,ADCCON3的最高位为低电平
    } while(status! = 0);
ftemp=(ADCDATAH&0x0f)*256+ADCDATAL; //读A/D转换结果
```

```
ftemp=ftemp * 5.0 /4095.0; //转换为电压值
SCONV=1;                    //启动下次转换
return ftemp;
}
```

例 3-22 Aduc812 内部集成 D/A 转换器的输出程序设计。

解:Aduc812 有 2 路 12 位的 D/A 转换器,其寄存器介绍可参考第 4 章,参考程序如下:

```
void dac(int dac1,int dac2)
{
DACCON=0x7f;
DAC0H=(dac1/256)&0x0f; //必须先写高位,后写低位
DAC0L=dac1%256;
DAC0H=(dac2/256)&0x0f; //必须先写高位,后写低位
DAC0L=dac2%256;
}
```

第 4 章　编程技巧与应用实例

4.1　C51 语言程序设计的基本技巧

4.1.1　编写 C51 应用程序的基本原则

C 语言是一种高级程序设计语言，它提供了十分完备的规范化流程控制结构。因此采用 C51 语言设计单片机应用系统程序时，首先要尽可能地采用结构化的程序设计方法，这样可使整个应用系统程序结构清晰，易于调试和维护。对于一个较大的程序，可将整个程序按功能分成若干个模块，不同的模块完成不同的功能。对于不同的功能模块，分别指定相应的入口参数和出口参数，而经常使用的一些程序最好编成函数，这样既不会引起整个程序管理的混乱，还可增强可读性，移植性也好。

由于 uVision2 本身是一个标准的 Windows 应用程序，因此，在程序文件编辑窗口编写应用程序时，应充分利用 Windows 的各种功能，如剪切、粘贴、复制等。虽然 C 语言程序不要求具有固定的格式，但在实际编写程序时还是应该遵守一定的规则。首先要采用清晰的书写方法。在编写一个 C51 程序时，对于 while、for、do-while、if-else、switch-case 等语句或这些语句的嵌套组合，应采用"缩格"书写形式。对于复合语句或函数，通常需要使用花括号"{}"，当语句嵌套较多时，容易产生花括号不配套的情况。uVision51 的下拉菜单"Tools"中提供了一个选项"Check C Braces"，专门用于检查这种花括号的配套情况，当发现有不匹配时，会自动将光标跳转到出错的地方以便于修改。

对于一个表达式中各种运算执行的优先顺序不太明确或容易混淆的地方，应采用圆括号"()"明确指定它们的优先顺序。对于程序中的函数，在使用之前，应对函数的类型进行说明。对函数类型的说明必须保持与原来定义的函数类型相一致，不一致时将导致编译出错。对于具有返回值的函数，使用 return 语句时，最好使用括号"()"将被返回的内容括起来，这样可使程序执行过程更清晰，便于理解和维护。

一般情况下，对于普通的变量名或函数名采用小写字母表示，对于一些特殊变量名或由预处理命令＃ define 所定义的函数，则采用大写字母表示。为了帮助理解和记忆，变量或函数名中可带有下划线，例如 ext_int0、data_max 等，但是以下划线"_"开头的变量或函数名通常保留为 C51 编译系统所使用，为了避免混淆，不要将下划线用作变量或函数名的第一个字符。给变量或函数取名时，应按照见名知义的原则，例如"ext_int0"表示外部中断函数，"data_max"表示最大数据值等。

数组与指针语句具有十分密切的关系。对一个字符数组"char ＊name＝"hello";"，可以采用数组形式 name[0]或指针形式＊ name 来表示字符串的第一个字母 h，两者在意义上是完全相同的。在实际程序设计中，使用数组还是使用指针应视具体情况而定，一般来说，指针比较灵活简洁，而数组则比较直观，容易理解。

C语言是一种高级程序设计语言。与汇编语言不同,C语言提供了十分完备的规范化流程控制结构。因此,在采用C51设计单片机应用系统程序时,首先要注意尽可能采用结构化的程序设计方法,这样可使整个应用系统程序结构清晰,便于调试和维护。对于一个较大的应用程序,为了能够集中精力考虑各种具体问题,通常将整个程序按功能分成若干个模块,不同模块完成不同的功能。各个模块程序可以分别编写,甚至还可以由多个人员分送编写。由于单个模块程序所完成的功能较为简单,程序的设计和调试也相应要容易一些。对于一些常用的功能模块,还可以作为一个应用程序库,以便于以后直接调用。在C语言中进行模块化程序设计是比较容易实现的,一个C语言函数就可以认为是一个模块。所谓程序的模块化,不仅仅是要将整个程序划分成若干个功能模块,更重要的是,还应当注意保持各个模块之间变量的相对独立性,即保持模块的独立性。在C语言的模块化编程过程,如果过多地采用外部变量,则会减弱各个模块的独立性。因此,为了保持整个程序具有较好的模块化结构,应尽量避免使用外部全局变量来传递数据信息,而通过指定的参数来完成数据信息传递。对于不同的功能模块,可以分别指定相应的入口参数和出口参数,这样不会引起整个程序中变量管理的混乱。在uVision51中很容易实现模块化编程,只要将分别编写的各个程序模块作为项目中的文件就可以了,利用uVision51下拉菜单“Project”中的选项“Make:Build Project”可以一次完成多个模块文件的编译和连接。

在程序设计过程中,对于经常使用的一些常数,如果将它们直接写到程序中去,一旦常数的数值发生变化,就必须逐个找出程序中所有对应的常数,逐一进行修改,这样必然会降低程序的可维护性和可移植性。因此,为了便于对整个程序进行修改维护或纯粹是为了帮助记忆,应当采用预处理命令的方式来定义常数。对于一些常用的常数,如π、e、EOF、TRUE、FALSE以及不同型号8051单片机中各种特殊功能寄存器和位地址等,可以集中起来放在一个头文件中进行定义,需要时再采用预处理命令# include将其加入到程序中去。这样做不仅可以提高编程效率,而且还可以避免输入错误。

一般来说,程序的执行效率主要取决于所采用算法的优劣和繁简。但对C语言而言,程序的执行效率在一定程度上还与程序的结构和设计方法有关。C语言具有十分丰富的运算符,合理地运用这些运算符可以设计出高效率的程序。例如,当条件表达式是由多个“&&”或“||”运算符连接在一起,对于条件的判定总是从左至右逐个进行的,一旦条件满足时,就不再对后面其他条件进行判断。因此对于条件表达式的安排,应尽可能地将满足条件可能性较高的表达式放在整个重要任务式的前面。合理使用中间变量往往也可以提高程序的执行效率。

作为一门工具,最终的目的就是实现功能。在满足这个前提条件下,总是希望自己的程序能很容易地被别人读懂,或者能够很容易地读懂别人的程序,在团体合作开发中就能起到事半功倍之效。因此,为了便于源程序的交流,减少合作开发中的障碍,下面提出一些基本规范。

1. 注释

(1) 采用中文。

(2) 开始的注释:

文件(模块)注释内容:

公司名称、版权、作者名称、修改时间、模块功能、背景介绍等，复杂的算法需要加上流程说明。

比如：

```
/*********************************************/
/*公司名称：*/
/* 模 块 名：XXXXXX 型号：XXXXXX */
/* 创 建 人：XXXXXXX 日期：XXXX-XX-XX */
/* 修 改 人：日期：XXXXXXXX */
/* 功能描述：*/
/* 其他说明：*/
/* 版 本：
/*********************************************/
```

函数开头的注释内容：

函数名称、功能、说明输入、返回、函数描述、流程处理、全局变量、调用样例等，复杂的函数需要加上变量用途说明；

```
/*********************************************
* 函 数 名：v_LcdInit
* 功能描述：LCD 初始化
* 函数说明：初始化命令：0x3c,0x08,0x01,0x06,0x10,0x0c
* 调用函数：v_Delaymsec(),v_LcdCmd()
* 全局变量：
* 输 入：无
* 返 回：无
* 设 计 者：zhao 日期：2001-12-09
* 修 改 者：zhao 日期：2001-12-09
* 版 本：
*********************************************/
```

(3) 程序中的注释内容：

修改时间和作者、方便理解的注释等。注释内容应简炼、清楚、明了，一目了然的语句不加注释。

2. 命名

命名必须具有一定的实际意义。

(1) 常量的命名：全部用大写。

(2) 变量的命名：

变量名加前缀，前缀反映变量的数据类型，用小写，反映变量意义的第一个字母大写，其他小写。

其中变量数据类型：

unsigned char 前缀 uc signed char 前缀 sc

unsigned int 前缀 ui signed int 前缀 si

unsigned long 前缀 ul signed long 前缀 sl

bit 前缀 b 指针 前缀 p

例：ucReceivData 接收数据。

(3) 结构体命名。

结构体名大写，若包含两个单词，则每个单词首字母大写。

(4) 函数的命名。

函数名首字母大写，若包含有两个单词，每个单词首字母大写。函数原型说明包括：引用外来函数及内部函数，外部引用必须在右侧注明函数来源：模块名及文件名，内部函数，只要注释其定义文件名。

3. 编辑风格

(1) 缩进：缩进以 Tab 为单位，一个 Tab 为四个空格大小。预处理语句、全局数据、函数原型、标题、附加说明、函数说明、标号等均顶格书写。语句块的"{""}"配对对齐，并与其前一行对齐。

(2) 空格：数据和函数在其类型、修饰名称之间适当空格并据情况对齐。关键字原则上空一格，如：if(...)等，运算符的空格规定如下："→"、"["、"]"、"++"、"- -"、"~"、"!"、"+"、"-"(指正负号)，"&"(取址或引用)、"*"(指使用指针时)等几个运算符两边不空格(其中单目运算符系指与操作数相连的一边)，其他运算符(包括大多数二目运算符和三目运算符"?:"两边均空一格，"("、")"运算符在其内侧空一格，在作函数定义时还可根据情况多空或不空格来对齐，但在函数实现时可以不用。","运算符只在其后空一格，需对齐时也可不空或多空格，对语句行后加的注释应用适当空格与语句隔开并尽可能对齐。

(3) 对齐：原则上关系密切的行应对齐，对齐包括类型、修饰、名称、参数等各部分对齐。另每一行的长度不应超过屏幕太多，必要时适当换行，换行时尽可能在","处或运算符处，换行后最好以运算符打头，并且以下各行均以该语句首行缩进，但该语句仍以首行的缩进为准，即如其下一行为"{"，应与首行对齐。

(4) 空行：程序文件结构各部分之间空两行，若不必要也可只空一行，各函数实现之间一般空两行。

(5) 修改：版本封存以后的修改一定要将老语句用/* */封闭，不能自行删除或修改，并要在文件及函数的修改记录中加以记录。

(6) 形参：在定义函数时，在函数名后面括号中直接进行形式参数说明，不再另行说明。

4. 使用 Keil C 调试某系统时积累的一些经验

(1) 由于 KeilC 对中文支持不太好，因而会出现显示的光标与光标实际所在不一致的现象，这会对修改中文注释造成影响。在 Windows 2000 下面，可以把字体设置为 Courier，这样就可以显示正常。

(2) 当使用有片外内存的 MCU(如 W77E58，它有 1KB 片外内存)时，肯定要设置标志位，并且编译方式要选择大模式，否则会出错。

(3) 当使用 KeilC 跟踪程序运行状态时，要把引起 Warning 的语句屏蔽，否则有可能跟踪语句的时候会出错。

(4) 在调用数组时，KeilC 是首先把数组 Load 进内存。如果要在 C 中使用长数组，可以使用 code 关键字，这样就实现了汇编的 DB 的功能，KeilC 是不会把标志 code 的数组 Load 入内存的，它会直接读取 ROM。

(5) 当编程涉及到有关通信，时序是很重要的。拉高管脚的执行速度远远比检查管脚电平的要快。

(6) 在等待管脚电平变化的时候，需要设置好超时处理，否则程序就会因为一个没有预计的错误而死锁。

(7) 能用C语言实现的地方，尽量不要用汇编，尤其在算法实现时。

(8) 程序的几个参数数组所占篇幅很大，其中液晶背景数组最长，有4000B，因而把那些初始化数组都放在另外一个C文件中，在主文件中使用关键字extern定义，这样就不会对主文件的编写造成干扰。

(9) 所有函数之间的相关性越低越有利于以后功能的扩展。

(10) 6.20版在编译带code关键字的数组时，编译通过，但是单片机运行结果是错误的，改用6.14版后正常。

4.1.2 C51程序设计中容易出错的地方

1. 赋值运算符"="与等值运算符"= ="

在使用C语言进行程序设计时，有一些在语法上是正确的语句，却具有语义上的错误。

初次使用C语言编程时，往往容易将这两个符号弄错。例如，若将条件判断式"if(x= =y);"误写成"if(x=y);"，由于C语言属于非逻辑型语言，对条件式的判断是按照表达式的值为1(真)或0(假)来进行的。因此对于上面的例子，在用C51进行编译时，并不能检查出任何错误。但是这两个条件表达式的意义却完全不同，前者表示当变量x与变量y相等时，其结果为真，否则其结果为假。而后者表示将y赋值给x，只有当y的值为0时，其结果才为假，否则其结果总为真，这样就使条件判断与编程者的设想大相径庭。

2. 运算符的优先顺序

在C语言设计过程中，如果弄错了运算符的优先顺序，将导致意想不到的结果。

(1) 指针运算符"*"比加法运算符"+"的优先级别高。因此，表达式x= * pa+1表示取指针pa所指的内容并将上1之后再赋值给变量x，而表达式y= *(pa+1)则表示取指针pa的下一个地址中的内容并赋值给变量y，显然这两个表达式的值是不一定相等的。

(2) "！ ="的优先级别高于"="。因此表达式(c=getchar())！ =EOF与表达式c=getchar()！ =EOF的结果是不一样的。前者表示先将函数getchar()的结果赋值给变量c，然后再进行！ =EOF(不等于文件结束)判断，而后者则表示先将函数getchar()的结果与EOF进行！ =(不相等)判断，然后再将判断的逻辑结果赋值变量c。

(3) "+"的优先级别高于"* ="。因此表达式b * =c+1等价于表达式b= b *(c+1)，而不等价于表达式b= b * c+1。

(4) "+ +"与指针运算符"*"的优先级别相同，但结合顺序为先"+ +"后"*"。因此表达式"* ptr+ +;"等价于表达式"*(ptr+ +);"。其结果表示先取ptr所指的内容，然后将ptr指向下一个地址，而表达式*(ptr)+ +是将ptr所指的内容加1。

3. 非法表达式

C语言中具有十分丰富的运算符，写程序时应注意正确使用，否则导致表达式非法。

(1) 地址运算符“&”只能用来取出变量的地址，因此表达式 &(x+1)是非法的。

(2) 数组名是一个常量而不是赘针变量。

例如，定义一个二维整型数组“int array[10][20];”，这时数组名“array”实际上就是代表该数组首地址的常量，array[0]则表示该数组第一行元素的首地址，也是一个常量，因此表达式 *(array+1)是正确的，而表达式 array++则是非法的。

(3) 增量运算符“++”和减量运算符“--”只对变量有效。类似于(i+j)++或(i+j)--这样的表达式都是非法的。

(4) 对于一般的变量，不能采用指针运算符“*”来取值。因此对于变量“int x;”，表达式 *x 是非法的。

(5) 字符‘x’与字符串“x”有区别。在 C 语言中，‘x’与“x”的意义是完全不相同的。‘x’代表一个字符常量，并且‘x’的值就是 x 的 ASCII 码，而“x”是一个字符串常量，它表示由字符 x 和转义字符\0 组成的字符串。因此表达式“char str=“x";”是非法的，不能将一个字符串赋值给一个字符变量。

4. 数组的下标范围

在 C 语言中，如果定义了一个具有 N 个元素的数组，则该数组的下标范围是 0～N-1。例如，对于数组“int array[5];”，其中共有 array[0]～[4]这样 5 个有效数组元素，而 array[5]已经不是该数组的有效元素了。另外，C51 编译器对于数组的边界不进行任何检查，即使数组的下标越界也不会给出错误信息。例如，对于以上数组，如果使用 array[5]=1 或 array[6]=0 都被认为是合法的，但是如果地址 array[5]或 array[6]已经分配给了其他变量，则在程序的执行过程中将会产生不可预料的结果。因此在进行实际程序设计时，必须人为地对数组的下标范围进行正确的管理和核对。

5. 变量的初始化

(1) 指针变量的初始化。定义一个指针变量仅仅是明确指定了指针本身所需要的内存空间，而该指针的初始值是它所指向的内存地址。例如，可以采用如下方法进行指针变量的初始化：

```
char * var,buf[20];
…
var=buf;
```

一个数组被定义之后，就获得了一个确定的内存区域，因此这样的初始化是有效的，它使指针变量 var 指向一个确定的地址(即 buf[0])。

(2) 编译连接时的初始化与程序执行过程中的初始化具有不同的意义。通常对于静态和外部变量在编译连接时进行初始化，例如：

```
sub() {
static int count=0x1234;
…
}
```

其中，静态变量 count 是在编译连接时通过运行库中的初始化模块 INIT.OBJ 对其进行初始化，而不是在每次调用函数 sub()时都将对其进行初始化。但是如果改成：

```
sub() {
static int count;
```

```
count =0x1234;
...
}
```

这实际上是程序执行过程中的赋值，因此，在每次调用函数 sub()时都会对其进行赋值操作。另外，对于自动变量只能在程序执行过程进行初始化。例如：

```
sub() {
auto int count=0;
...
}
```

其中，自动变量 count 在每次调用函数 sub()时都将被初始化为 0。需要指出的是，由于对静态变量和外部变量的初始化是通过 INIT. OBJ 模块实现的，具有这类变量的程序开关会增加一段初始化程序 INIT. A51 的代码，这样显然会增加程序的运行时间，同时还会增加程序代码所占用的空间。

6. 结构变量的赋值方式

在使用结构时，不允许将一个结构体变量的内容一次赋值给另一个结构变更。例如，定义如下结构：

```
struct form {
int bust
char waist;
} x,y;
```

此时不能将结构变量 x 的内容整体地赋值给结构变量 y，即语句"y=x;"是无效的；若希望对结构变量进行复制，则必须以结构成员为单位逐个复制，即必须采用如下语句：

```
y. bust=x. bust;
y. waist=x. waist;
```

4.1.3　有关 C51 的若干实际应用技巧

(1) 通常，一个 8051 单片机应用系统程序总是要经过 dScope51 或硬件仿真器的调试，才知道该程序是否能满足要求。为了获得足够多的调试信息，在对一个 C51 程序进行编译时，应该采用 CODE、DEBUG、SYMBOLS 以及 OBJECTEXTEND 控制指令，最好在源程序的开始处加上如下预处理命令行：

```
# pragma CODE DEBUG SYMBOLS OBJECTEXTEND
```

这样得到的目标程序将包含所有的调试信息，从而可以方便地进行源程序调试。

(2) 在采用 dScope51 对 C51 应用程序进行调试时，为了能从串行窗口中立即看到程序的运行结果，经常需要使用 C51 运行库中的输出函数 printf()。为了能获得字节形式的输出结果，可以在 printf()函数中使用"%bd、%bo、%bu、%bx"等格式控制符或者使用强制类型转换符，一般来说，使用前者较为方便。下面是一个例子。

```
# prabma code symbols debug oe
# include <reg52. h>
# include <stdio. h>

struct FS {
```

```
    unsigned int co,kp,kj,kd,kl;
}

data struct FS filter;
void main(void) {
    TI=1;
/* 下面这行将导致错误的结果 */
printf("Start= %p,length= %bd\n",&filter,sfzeof(struct FS));
/* 下面这两行才是正确的 */
printf("Start= %p,length= %bd\n",&filter,sizeof(struct FS));
printf("Start= %p,length= %d\n",&filter,(int)sizeof(struct FS));
}
```

(3) 在进行 8051 单片机应用系统程序设计时,用户十分关心如何直接操作系统的各个存储器地址空间。C51 程序经过编译之后产生的目标代码具有浮动地址,其绝对地址必须经过 BL51 连接定位后才能确定。为了能够在 C51 程序中直接对任意指定的存储器地址进行操作,可以采用指针的办法来实现。例如:

```
void testmodule(void) {
    char xdata * xdp;        /* 定义一个指向 XDATA 存储器空间的指针 */
    char data * dp;          /* 定义一个指向 DATA 存储器空间的指针 */
    xdp=0x0002;              /* XDATA 指针赋值,指向 XDATA 存储器地址 0002h */
    * xdp=0xAA;              /* 将数据 0xAA 送往指定的地址 */
    dp=0x30;                 /* DATA 指针赋值,指向 DATA 存储器地址 30H */
    * dp=0xBB;               /* 将数据 0xBB 送往指定的地址 */
}
```

另外一种直接操作存储器空间地址的方法是利用 C51 运行库中提供的一套预定义宏"ABSACC. H",例如:

```
# include < ABSACC. H >
    char c_var;
  int i_var;
  XBYTE[0x12]=c_var;  /* 向 XDATA 存储器地址 0012H 写入数据 c_var */
  i_var=XWORD[0x100];/* 从 XDATA 存储器地址 0200H 中读取数据并赋值给 i_var */
```

上面第二条赋值语句中采用的是 XWORD[0x100],其意义是将字节地址 0x200 和 0x201 中的内容取出来并赋值给 int 整型变量 i_var,注意不要将 XWORD 与 XBYTE 混淆。如果将这条语句改成:

```
i_var=XWORD[0x100/2];
```

这样读取的就是 0x100 和 0x101 地址单元中的内容了。用户可以充分利用 C51 运行库提供的预定义宏"ABSACC. H"来进行任意地址的直接操作。例如,可以采用如下方法定义一个 D/A 转换接口地址,每向该地址写入一个数据即完成一次 D/A 转换:

```
# include < ABSACC. H >
#defind DACO832 XBYTE[0x7fff];      /* 定义 DAC0832 端口地址 */
DAC0832=0x80;                       /* 启动一次 D/A 转换 */
```

还可以在 C51 源程序中定义变量时,利用 C51 编译器提供的扩展关键字"_at_"来对指定存储器空间的绝对地址进行定位，一般格式如下：

[存储器类型] 数据类型 标识符 _at_常数

其中，“存储器类型”为 idata、data、xdata 等 C51 编译器能够识别的所有类型，如果省略该选项，则按编译模式 LARGE、COMPACE 或 SMALL 规定的默认存储器类型确定变量的存储器空间；“数据类型”除了可用 int、long、float 等基本类型外，还可以采用数组、结构等复杂数据类型；标识符为要定义的变量名；常数规定了变量的绝对地址，必须位于有效存储器空间之内。利用扩展关键字“_at_”定义的变量称为“绝对变量”，对该变量的操作就是对指定存储器空间绝对地址的直接操作，因此不能对“绝对变量”进行初始化，另外，函数和位(bit)类型变量不能采用这种方法进行绝对地址定位。

例如：

```
struct link {
struct link idata * next;
char code * test;
}
idata struct link list _at_ 0x40;          /* 结构变量 list 定位于 idata 空间地址 0x40 */
xdata char text[256] _at_ 0xE000;          /* 数组 array 定位于 xdata 空间地址 0xE000 */
xdata int il _at_ 0x8000;                  /* int 变量 il 定位于 xdata 空间地址 0x8000 */

void main(void) {                          /* 在主函数中直接操作上述已定义的绝对地址 */
list,next=(void *)0;
il=0x1234;
text[0]='a';
}
```

(4) 能够进行指针操作是 C 语言的一个重要特征。对函数而言，也可以进行指针操作，这就是函数指针。函数指针指向的是函数体中第一条可执行指令的地址，即函数的入口地址。在调用函数时，可以采用函数指针来实现。由于函数指针只是用来存放函数的入口地址，而不是固定指向某个函数，因此，可以通过给函数指针赋以不同的值而实现不同函数的调用。在给函数指针赋值时，只要给出函数名而不必给出函数的参数。通过函数指针来调用函数时，只需用已赋值的函数指针代替被调用的函数名，这样通过一个函数指针可调用不同的函数。下面是一个通过函数指针实现不同函数调用的例子。

4.2 8051 单片机的片内定时器应用编程

4.2.1 内置定时/计数器

标准的 8051 有两个定时/计数器，每个定时器有 16 位。定时/计数器既可用来作为定时器(对机器周期计数)，也可用来对相应 I/O 口(TO,T1)上从高到低的跳变脉冲计数。当用作计数器时，脉冲频率不应高于指令的执行频率的 1/2，因为每周期检测一次引脚电平，而判断一次脉冲跳变需要两个指令周期。如果需要的话，当脉冲计数溢出时，可以产生一个中断。

TCON 特殊功能寄存器(timer controller)用来控制定时器的工作起停和溢出标志

位。通过改变定时器运行位 TR0 和 TR1 来启动和停止定时器的工作。TCON 中还包括了定时器 T0 和 T1 的溢出中断标志位。当定时器溢出时,相应的标志位被置位,当程序检测到标志位从 0 到 1 的跳变时,如果中断是使能的,将产生一个中断。注意,中断标志位可在任何时候置位和清除,因此,可通过软件产生和阻止定时器中断。

定时器控制寄存器(TCON,可位寻址)如下:

TF1	TR1	TF0	TR0	IE1	IT1	IE0	IT0

TF1　定时器 1 溢出中断标志。响应中断后由处理器清零。

TR1　定时器 1 控制位,置位时定时器 1 工作,复位时定时器 1 停止工作。

TF0　定时器 0 溢出标志位。定时器 0 溢出时置位,处理器响应中断后清除该位。

TR0　定时器 0 控制位,置位时定时器 0 工作,复位时定时器 0 停止工作。

IE1　外部中断 1 触发标志位,当检测到 P3.3 有从高到低的跳变电平时置位,处理器响应中断后,由硬件清除该位。

IT1　中断 1 触发方式控制位,置位时为跳变触发,复位时为低电平触发。

IE0　外部中断 1,触发标志位,当检测到 P3.3 有从高到低的跳变电平时置位,处理器响应中断后,由硬件清除该位。

IT0　中断 1 触发方式控制位,置位时为跳变触发,复位时为低电平触发。

定时器的工作方式由特殊功能寄存器 TMOD 来设置,通过改变 TMOD 软件可控制两个定时器的工作方式和时钟源(是 I/O 口的触发电平还是处理器的时钟脉冲),TMOD 的高四位控制定时器 1,低四位控制定时器 0。TMOD 的结构如下:

定时器控制寄存器(TMOD,不可位寻址)

GATE	C/T	M1	M0	GATE	C/T	M1	M0
定时器 1				定时器 0			

GATE　当 GATE 置位时,定时器仅当 TR=1 并且 INT=1 时才工作,如果 GATE=0,置位 TR 定时器就开始工作。

C/T　定时器方式选择。如果 C/T=1,定时器以计数方式工作;C/T=0 时,以定时方式工作。

M1　模式选择位高位。

M0　模式选择位低位。

可通过 C/T 位的设置来选择定时器的时钟源。C/T=1,定时器以计数方式工作(对 I/O 引脚脉冲计数),C/T=0 时,以定时方式工作(对内部时钟脉冲计数)。当定时器用来对内部时钟脉冲计数时,可通过硬件或软件来控制。GATE=0 为软件控制,置位 TR 定时器就开始工作, GATE=1 为硬件控制,当 TR=1 并且 INT=1 时定时器才工作。当 INT 脚给出低电平时,定时器将停止工作,这在测量 IN 脚的脉冲宽度时十分有用,当然,INT 脚不作为外部中断使用。

1. 定时器工作方式 0 和方式 1

定时器通过软件控制有四种工作方式。方式 0 为 13 位定时/计数器方式,定时器溢出时置位 TF0 或 TF1,并产生中断。方式 1 将以 16 位定时/计数器方式工作,除此之外和方式 0 一样。

2. 定时器工作方式 2

方式 2 为 8 位自动重装工作方式。定时器的低 8 位(TL0 或 TL1)用来计数,高 8 位(TH0 或 TH1)用来存放重装数值。当定时器溢出时,TH 中的数值被装入 TL 中。定时器 0 和定时器 1 在方式 2 时是同样的。定时器 1 常用此方式来产生波特率。

3. 定时器工作方式 3

方式 3 时定时器 0 成为两个 8 位定时/计数器(TH0 和 TL0)。TH0 对应于 TMOD 中定时器 0 的控制位,而 TL0 占据了 TMOD 中定时器 1 的控制位。这样定时器 1 将不能产生溢出中断了,但可用于其他不需产生中断的场合,如作为波特率发生器或作为定时计数器被软件查询。当系统需要用定时器 1 来产生波特率,而同时又需要两个定时/计数器时,这种工作方式十分有用。当定时器 1 设置为工作方式 3 时,将停止工作。

4. 定时器 2

51 系列单片机如 8052 的第三个定时/计数器——定时器 2,它的控制位在特殊功能寄存器 T2CON 中。结构如下:

定时器 2 控制寄存器(可位寻址)

TF2	EXF2	RCLK	TCLK	EXEN2	TR2	C/T2	CP/RL2

TF2　　定时器 2 溢出标志位。定时器 2 溢出时将置位,当 TCLK 或 RCLK 为 1 时,将不会置位。

EXF2　　定时器 2 外部标志,当 EXEN2=1,并在引脚 T2EX 检测到负跳变时置位。如果定时器 2 中断被允许,将产生中断。

RCLK　　接收时钟标志,当串行口以方式 1 或方式 3 工作时,将使用定时器 2 的溢出率作为串行口接收时钟频率。

TCLK　　发送时钟标志位,当串行口以方式 1 或方式 3 工作时,将使用定时器 2 的溢出率作为串行口接收时钟频率。

EXEN2　定时器 2 外部允许标志,当 EXEN2=1 时 J,在 T2EX 引脚出现负跳变时将造成定时器 2 捕捉或重装,并置位 EXF2,产生中断。

TR2　　定时器运行控制位,置位时,定时器 2 将开始工作,否则,定时器 2 停止工作。

C/T2　　定时器计数方式选择位,如果 C/T2=1,定时器 2 将作为外部事件计数器,否则对内部时钟脉冲计数。

CP/RL2　捕捉/重装标志位,当 EXEN2=1 时,如果 CP/RL2=1,T2EX 引脚的负跳变将造成捕捉;如果 CP/RL2=0,T2EX 引脚的负跳变将造成重装。

通过由软件设置 T2COM ,可使定时/计数器以三种基本工作方式之一工作。第一种为捕捉方式。设置为捕捉方式时,和定时器 0 或定时器 1 一样以 16 位方式工作。这种方式通过复位 EXEN2 来选择。当置位 EXEN2 时,如果 T2EX 有负跳变电平,将把当前的数锁存在(RCAP2H 和 RCAP2L)中。这个事件可用来产生中断。

第二种工作方式为自动重装方式,其中包含了两个子功能,由 EXEN2 来选择。当 EXEN2 复位时,16 位定时器溢出将触发一个中断并将 RCAP2H 和 RCAP2L 中的数装入定时器中。当 EXEN2 置位时,除上述功能外,T2EX 引脚的负跳变将产生一次重装操作。

最后一种方式用来产生串行口通信所需的波特率，这通过同时或分别置位 RCLK 和 TCLK 来实现。在这种方式中，每个机器周期都将使定时器加 1，而不像定时器 0 和 1 那样，需要 12 个机器周期。这使得串行通信的波特率更高。

4.2.2 定时器实例

定时器编程主要是对定时器进行初始化以设置定时器工作模式，确定计数初值等，使用 C 语言编程和使用汇编编程方法非常类似，以下通过一个例子来分析。

例 4-1 1s 定时中断服务子程序。

```
//c51,1s 定时中断服务子程序
void time()(void) interrupt 1 using 1
{
    TH0=-5000/256; //设置定时器高 8 位初值
    TL0=-5000%256; //设置定时器低 8 位初值
    BUFFER[0]=BUFFER[0]+1;
    if(BUFFER[0]==100)
//－ － － － － － － － － － －以下程序段中 CIRCLE 和 BUFFER[0]、BUFFER[1]的作用
    {
        CIRCLE=CIRCLE<<1;//百分秒进位
        if(CIRCLE==0)
        {
            CIRCLE=0x10;
        }
        BUFFER[0]=0;
        BUFFER[1]=BUFFER[1]+1;
        if(BUFFER[1]==60)//秒计时满，进位清零
        {
            BUFFER[1]=0
        }
    }
}
```

4.3 8051 单片机的片内串行口应用编程

4.3.1 内置 UART

8051 有一个可通过软件控制的内置、全双工串行通信接口。由寄存器 SCON 来进行设置，可选择通信模式，允许接收，检查状态位。SCON 的结构如下：

串行控制寄存器(SCON，可位寻址)

SM0	SM1	SM2	REN	TB8	RB8	TI	RI

SM0 串行模式选择。

SM1　　串行模式选择。

SM2　　多机通信允许位，模式 0 时，此位应该为 0。模式 1 时，当接收到停止位时，该位将置位。模式 2 或模式 3 时，当接收的第 9 位数据为 1 时，将置位。

REN　　串行接收允许位。

TB8　　在模式 2 和模式 3 中，将被发送数据的第 9 位。

RB8　　在模式 0 中，该位不起作用，在模式 1 中，该位为接收数据的停止位。在模式 2 和模式 3 中，为接收数据的第 9 位。

TI　　串行中断标志，由软件清零。

RI　　接收中断标志位，由软件清零。

UART 有一个接收数据缓冲区，当上一个字节还没被处理，下一个数据仍然可以通过缓冲区接收进来，但如果接收完这个字节而上个字节还没被处理，则上个字节将被覆盖。因此，软件必须在此之前处理数据。当连续发送字节时也是如此。

8051 支持 10 位和 11 位数据模式，11 数据模式用来进行多机通信。并支持高速 8 位移位寄存器模式。模式 1 和模式 3 中波特率可变。

1. UART 模式 0

模式 0 时，UART 作为一个 8 位的移位寄存器使用，波特率为 fosc/12。数据由 RXD 从低位开始收发。TXD 用来发送同步移位脉冲，因此，方式 0 不支持全双工。这种方式可用来和像某些具有 8 位串行口的 EEPROM 之类的器件通信。

当向 SBUF 写入字节时，开始发送数据。数据发送完毕时，TI 位将置位。置位 REN 时，将开始接收数据，接收完 8 位数据时，RI 将置位。

2. UART 模式 1

工作于模式 1 时，传输的是 10 位：1 个起始位，8 个数据位，1 个停止位。这种方式可和包括 PC 机在内的很多器件进行通信。这种方式中波特率是可调的，而用来产生波特率的定时器的中断应该被禁止。PCON 的 SMOD 位为 1 时，可使波特率翻倍。

TI 和 RI 在发送和接收停止位的中间时刻被置位，这使软件可以响应中断并装入新的数据。数据处理时间取决于波特率和晶振频率。

如果用定时器 1 来产生波特率，应通过下式来计算 TH1 的装入值：

THI=256-(K＊＊scFreq)(384＊BaudRate)

K=1 if SMOD=0

K=2 if SMOD=1

重装值要小于 256，非整数的重装值必须和下一个整数非常接近，产生的波特率才能使系统正常的工作，这点需要开发者把握。

这样，如果使用 9.216M 晶振，想产生 9600 的波特率，第一步，设 $K=1$，分子为 9216000，分母为 3686400，相除结果为 2.5，不是整数。设 $K=2$，分子为 18432000，分母为 3686400，相除结果为 5，可得 TH1=251 或 0FBH。

如果用 8052 的定时器 2 产生波特率，RCAP2H 和 RCAP2L 的重装值也需要经过计算，根据需要的波特率，用下式计算：

[RCAP2H，RCAP2L]=65536-0sFreq/(32＊BaudRate)

假设系统使用 9.216M 晶振，想产生 9600 的波特率。用上式产生的结果必须是正的，而且接近整数。最后得到结果 30，重装值为 65506 或 FFE2H。

3. UART 模式 2

模式 2 的数据以 11 位方式发送：1 位起始位，8 位数据位，第九位，1 位停止位。发送数据时，第九位为 SCON 中的 TB8，接收数据的第九位保存在 RB8 中。第九位一般用来多机通信，仅在第九位为 1 时才引发通信中断，当 SM2 为 0 时，只要接收完 11 位就产生一次中断。

第九位可在多机通信中避免不必要的中断，在传送地址和命令时，第九位置位，串行总线上的所有处理器都产生一个中断，处理器将决定是否继续接收下面的数据，如果继续接收数据就清零 SM2。否则，SM2 置位，以后的数据流将不会使他产生中断。

SM0D＝0 时，模式 2 的波特率为 1/640sc，SMOD＝1 时，波特率为 1/320sc。因此，使用模式 2，当晶振频率为 11.059MHz 时，将有高达 345Kb/s 的波特率。模式 3 和模式 2 的差别在于可变的波特率。

4.3.2 串行口编程实例

1. 串口初始化

C51 编译器的运行库中提供了一套输入输出库函数：getchar()、putchar() 和 scanf()，这些是所谓的"标准 I/O 函数"。它们利用 8051 单片机的串行口完成输入输出功能。在采用 dScope51 软件仿真器调试用户自己的 C51 应用程序时，可以先对 8051 单片机串行口进行适当初始化，然后利用 C51 运行库中的"标准 I/O 函数"从 dScope51 软件仿真器的串行口中立即看到程序的运行结果。

例 4-2 要求波特率 1200b/s，无奇偶校验，停止位 1，数据位 8 位，定时器 T1 做波特率发生器。下面给出串行口初始化代码：

```
// 软件模拟测试说明：
// 1. 这个测试采用查询方式进行串口通信
// 2. 将软件仿真环境的晶振设为 11.0592 MHz
// 3. 软件模拟全速运行，观察波特率是 1200b/s
// 4. 在串口 1 中输入数字或字母，可观察到通信是否有误


//#pragma src

#include <reg51.h>
//串口初始化

void serial_init(void)
{
    //ET1  = 0;      //CLR    0ABH         ;禁止 T1 中断
    TMOD = 0x20;  //MOV    89H,#20H    ;timer 1 mode 2: 8-Bit reload(定时器 T1 模式
    2: 8 位自动初值重装)
    TH1  = 0xE8;  //MOV    8DH,#0E8H
    TL1  = 0xE8;  //MOV    8BH,#0E8H ;1200b/s, 11.059
    TR1  = 1;     //SETB   8EH         ;启动定时器 1
    SCON = 0x50;  // mode 1: 10-bit UART, enable receiver(模式 1: 10 位异步发送/接收，使
```

能接收允许位)

```
    //SM1   = 1;    //                ;串行口 模式 1
    //SM0   = 0;
    //REN   = 1;    //                ;允许串行中断接收
    SM2   = 1;    //SETB  O9DH        ;收到有效的停止位时才将 RI 置 1
    ES    = 1;    //SETB  0ACH        ;允许串行中断
    EA    = 1;    //SETB  0AFH        ;总中断开
}
//中断方式处理串口数据

void serial(void) interrupt 4 using 1
{
     if(RI)
     {
        // RI = 0;
       // 串口接收,采用临时缓冲
     }
#if 0
    if(TI)
    {
       // TI = 0;
       // 串口发送,没有必要使用中断方式
    }
#endif
}

// 查询方式接收串口数据
unsigned char getchar(void)
{
    while(! RI);// 没有收到串口数据则一直等待
    RI=0;
    return SBUF;
}

// 查询方式发送串口数据
void putchar(unsigned char ch)
{
    SBUF=ch;
    while(! TI);
    TI=0;
}

code unsigned char HEX_TAB []="0123456789ABCDEF";
```

```
void puthex(unsigned char ch)
{
    unsigned char i,j;
    i=ch>>4;
    j=ch&0x0f;
    putchar(HEX_TAB[i]);
    putchar(HEX_TAB[j]);
}
```

2. 串口接收与发送

串行通信一般要根据所给协议编写代码,下面看一个实例。

通信协议:第一字节,MSB 为 1,为第一字节标志;第二字节,MSB 为 0,为非第一字节标志,其余类推……最后一个字节为前几个字节后 7 位的异或校验和。

测试方法:可以将串口调试助手的发送框写上 95 10 20 25,并选上 16 进制发送,接收框选上 16 进制显示,如果每发送一次就接收到 95 10 20 25,说明测试成功。

例 4-3 是一个单片机 C51 串口接收(中断)和发送例程,可以用来测试 51 单片机的中断接收和查询发送,另外发送没有必要用中断,因为程序的开销是一样的。

例 4-3 单片机 C51 串口接收(中断)和发送例程。

```
#include <reg51.h>
#include <string.h>

#define INBUF_LEN 4 //数据长度

unsigned char inbuf1[INBUF_LEN];
unsigned char checksum,count3;
bit read_flag=0;

void init_serialcomm(void)
{
    SCON = 0x50; //SCON: serail mode 1, 8-bit UART, enable ucvr
    TMOD = 0x20; //TMOD: timer 1, mode 2, 8-bit reload
    PCON = 0x80; //SMOD=1;
    TH1 = 0xF4; //Baud:4800 fosc=11.0592MHz
    IE = 0x90; //Enable Serial Interrupt
    TR1 = 1; // timer 1 run
    // TI=1;
}

//向串口发送一个字符
void send_char_com(unsigned char ch)
{
    SBUF=ch;
    while(TI==0);
```

```
    TI=0;
}

//向串口发送一个字符串,strlen 为该字符串长度
void send_string_com(unsigned char * str,unsigned int strlen)
{
    unsigned int k=0;
    do
    {
      send_char_com( *(str + k));
      k++;
    } while(k < strlen);
}

//串口接收中断函数
void serial () interrupt 4 using 3
{
    if(RI)
    {
      unsigned char ch;
      RI = 0;
      ch=SBUF;
      if(ch>127)
      {
        count3=0;
        inbuf1[count3]=ch;
        checksum= ch-128;
      }
      else
      {
        count3++;
        inbuf1[count3]=ch;
        checksum ^= ch;
        if( (count3==(INBUF_LEN-1)) && (! checksum) )
        {
          read_flag=1; //如果串口接收的数据达到 INBUF_LEN 个,且校验没错, //就置位取
                                    数标志
        }
      }
    }
  }

  main()
```

```
{
  init_serialcomm(); //初始化串口
  while(1)
  {
    if(read_flag) //如果取数标志已置位,就将读到的数从串口发出
    {
      read_flag=0; //取数标志清0
      send_string_com(inbuf1,INBUF_LEN);
    }
  }
}
```

4.3.3 利用8051串行口实现多机通信

下面给出一个利用8051串行口进行多机通信的C51程序。一个主机与多个从机进行单工通信,主机发送,从机接收。主机先向从机发送一帧地址信息,然后再发送10位数据信息。

从机接收主机发来的地址,并与本机的地址相比较,若不相同,则仍保持SM2=1不变,自动抛弃数据帧。若地址相同,则使SM2=0,准备接收主机发来的数据信息,直至接收完10位数据。通信双方均采用11.0592MHz的晶振,用定时器/计数器1产生9600的波特率,采用中断方式传送数据。从机的地址为0～255的编码。实际通信中还应考虑通信协议,为简单起见,下面的程序中未予考虑。主机发送程序文件名为T.C,从机接收程序文件名为R.C。

例4-4 利用8051串行口进行多机通信的C51程序。

发送程序如下(文件名为T.C):

```
#include <reg51.h>
#define COUNT 10                    /* 定义发送缓冲区大小 */
#define NODE_ADDR 64                /* 定义目的节点地址 */
unsigned char buffer[COUNT];        /* 定义发送缓冲区 */
int pointer;                        /* 定义当前位置指针 */

main()
{
  /* 发送缓冲区初始化 */
  while(pointer<COUNT) {
  buffer[pointer]='A'+pointer;
  pointer++;
}
/* 初始化串行口和波特率发生器 */
SCON=0xc0;
TMOD=0x20;
TH1=1;
```

```
ET1=0;
ES=1;
EA=1;
Pointer=-1;
/* 发送地址帧 */
TB8=1;
SBUF=NODE_ADDR;
/* 等待全部数据帧发送完毕 */
while(pointer<COUNT);
    /* …… */
}

/* 发送中断服务函数 */
void send(void) interrupt 4 using 3 {
/* 清发送中断标志并修改发送缓冲区当前位置指针 */
    T1=0;
    pointer++;
    /* 如果全部数据发送完毕则返回,否则发送一帧数据 */
    if(pointer>=COUNT) return;
    else {
        TB8=0;                   /* 设置数据帧标志 */
        SBUF=buffer[pointer];    /* 启动发送 */
    }
}
```

接收程序清单如下(文件名为R.C):

```
# include <reg51.h>
# define COUNT 10            /* 定义发送缓冲区大小 */
# define NODE_ADDR 64        /* 定义本节点地址 */
/* 定义接收缓冲区和当前位置指针 */
unsigned char buffer[COUNT];
int pointer;
main() {
    /* 初始化串行口和波特率发生器,并允许串行口接收地址帧 */
    SCON=0xf0;              /* MODEL 3,REN=1,SM2=1 */
    TMOD=0x20;
    TH1=0xfd;
    TR1=1;
    ET1=0;
    ES=1;
    EA=1;
    /* 等待接收地址帧和全部数据帧 */
    pointer=0;
    while(pointer<COUNT);
```

```
    /* …… */
}

/* 接收中断服务函数 */
void receive(void) interrupt 4 using 3 {
    RI=0;                        /* 清接收中断标志 */
    /* 如果为本节点地址帧,则置 SM2=0 以便接收数据帧 */
    if(RB8==1) {
        if(SBUF==NODE_ADDR) SM2=0;
        return;
    }
    /* 将接收到的数据帧送接收缓冲区并修改当前位置指针 */
    buffer[pointer++]=SBUF;
    /* 如果已接收完全部数据帧,则此次通信结束,置 SM2=1 准备下一次通信 */
    if(pointer>=COUNT) SM2=1;
}
```

4.4　8051单片机并行接口扩展应用编程

在8051单片机实际应用系统中,经常需要进行并行I/O接口的扩展。本节介绍几种常用的并行I/O接口扩展电路及其C51驱动程序。

4.4.1　打印输出接口及其驱动程序

通用并行接口打印机采用规范化的"Centronics"标准与计算机进行通信,下面以PP40彩色描绘器为例,介绍其与单片机8031的接口方法,并给出该接口的C51驱动程序。表4-1所示为PP40的接口信号,所有I/O信号都与TTL电平兼容。

表4-1　PP40的接口信号

针位	信号	针位	信号	针位	信号	针位	信号
1	STROBE	10	ACK	19	GND*	28	GND*
2	DATA1	11	BUSY	20	GND*	29	GND*
3	DATA2	12	GND	21	GND*	30	GND*
4	DATA3	13	NC	22	GND*	31	NC
5	DATA4	14	GND	23	GND*	32	NC
6	DATA5	15	GND	24	GND*	33	GND
7	DATA6	16	GND	25	GND*	34	NC
8	DATA7	17	GND	26	GND*	35	NC
9	DATA8	18	NC	27	GND*	36	NC

* 用以和信号线绞线以提高抗干扰能力,NC为空脚

各信号意义如下:

DATA1~DATA8:数据信号。

STROBE:选能输入信号。在它的上升沿将DATA1~DATA8上的信息打入PP40,并启动PP40机械装置开始描绘。

BUSY：状态输出信号。PP40 正在处理主机的命令或数据时，BUSY 输出高电平，空闲时输出低电平。

ACK：响应输出信号。当 PP40 接收并处理完主机的命令或数据时，ACK 输出一个负脉冲。

图 4-1 所示为 PP40 的工作时序（Centronics 标准）。

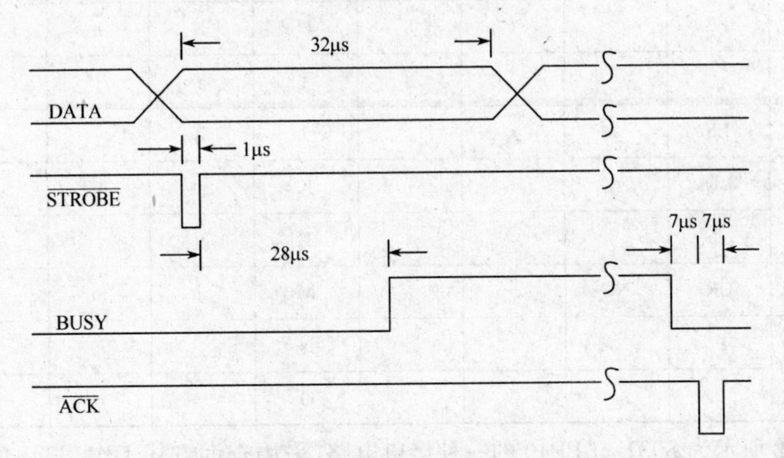

图 4-1 PP40 的工作时序（Centronics 标准）

PP40 具有文本模式和图案模式两种操作方式，初始加电后为文本模式。当 PP40 处于文本模式时，主机将回车符（ODH）和控制 2 编码（12H）写入 PP40，则由文本模式变为图案模式；再将回车符（ODH）和控制 1 编码（11H）写入 PP40，则又回到文本模式。PP40 在文本模式下可打印出所有的 ASCII 字符，在图案模式下可描绘出用户设计的各种彩色图案。表 4-2 为 PP40 在文本模式下的可打印 ASCII 字符。表中除了字符编码之外，还列出了一些控制编码，它们的定义如下：

回位（08H）：使笔回到前面一个字符位置，若笔已处于最左边位置，则该命令失效。

进纸（0AH）：将打印纸推进一行。

退纸（0BH）：将打印纸退后一行。

回车（0DH）：使笔回到最左边，并进纸一行。

控制 1（11H）：与回车符配合，将 PP40 置为文本模式。

控制 2（12H）：与回车符配合，将 PP40 置为图案模式。

转色（1DH）：使笔架转动一个位置，更换一种颜色的描绘笔。

表 4-2 PP40 的可打印 ASCII 字符

	0	1	2	3	4	5	6	7
0				0	@	P	÷	p
1		DC1	0	1	A	Q	a	q
2		DC2	″	2	B	R	b	r
3			#	3	C	S	c	s
4			$	4	D	T	d	t
5			%	5	E	U	e	u

(续)

	0	1	2	3	4	5	6	7
6			&	6	F	V	f	v
7			,	7	G	W	g	w
8	BS		(	8	H	X	h	x
9			)	9	I	Y	I	y
A	LF		*	:	J	Z	j	z
B	LU		+	;	K	[	k	{
C			,	<	L	\	l	|
D	CR	NC	—	=	M	]	m	}
E			。	>	N	^	n	≈
F			/	?	O	—	o	

图 4-2 所示为 8031 与 PP40 的一种接口电路，采用查询方式工作，8031 的 P1 口输出打印数据，P3.5 作为 PP40 的选通信号，P3.3 用来查询 PP40 的工作状态。

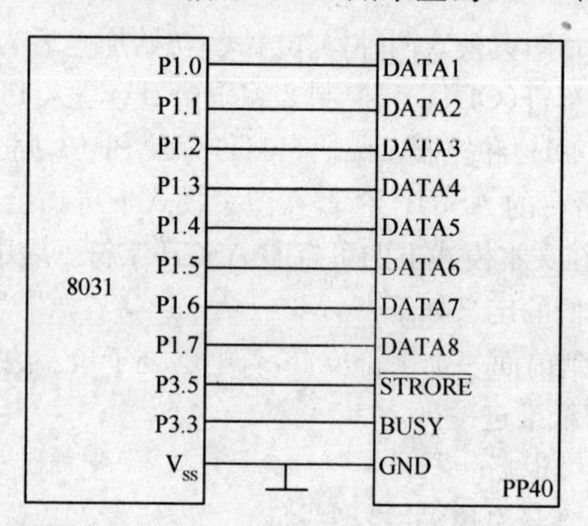

图 4-2 PP40 与 8031 查询方式接口

例 4-5 给出基于图 4-2 接口电路的 C51 驱动程序。

```
#pragma db oe sb
#include <reg51.h>
#define uchar unsigned char

sbit STB=P3^5;
sbit BUSY=P3^3;

uchar code line[]=
    {0x57,0x45,0x4c,0x43,0x4f,0x4d,0x45}; /* 预定义字符信息"WELCOME" */

void prnchar(uchar *) {                    /* 字符打印函数 */
```

```
        P1=x;                              /* 输出一个 ASCII 字符 */
        STB=0;                             /* 产生 STROBE 低电平 */
        STB=1;                             /* 产生 STROBE 上升沿 */
        While(BUSY);                       /* 查询等待 PP40 打印结束 */
    }

    void prnline(void) {                   /* 行打印函数 */
        uchar i;
        for(i=0,i<=6,i++) {                /* 打印输出一行预定义信息 */
            P1=line[i];
            STB=0;
            STB=1;
            While(BUSY);
        }
    }
    void main(void) {
        prnline();                         /* 打印输出"WELCOME" */
        prnchar(0x0D);                     /* 换行 */
        prnchar(0x31);                     /* 打印输出"1997" */
        prnchar(0x39);
        prnchar(0x39);
        prnchar(0x37);
    }
```

4.4.2 用可编程芯片 8155 实现 I/O 接口扩展

在对 8051 单片机进行 I/O 扩展时，Intel 8155 是使用得最多的一种芯片。该芯片内集成有 256B 的静态 RAM，2 个可编程的 8 位并行接口 PA、PB，1 个可编程的 6 位并行接口 PC，1 个 14 位的定时器/计数器。图 4-3 所示为 8155 的引脚排列图。各引脚的功能如下：

AD0～AD7：地址数据线。单片机与 8155 之间的地址、数据、命令及状态信息都通过它们传送。

ALE：地址锁存信号输入线。ALE 的下降沿将单片机 8031P0 口输出的地址信号 CE、IO/$\overline{M}$ 状态都锁存到 8155 的内部锁存器中。

$\overline{CE}$、IO/$\overline{M}$：分别为片选信号和 RAM/IO 选择线。当$\overline{CE}$=0、IO/M=0 时，单片机对 8155 的 RAM 进行读写；当$\overline{CE}$=0、IO/$\overline{M}$=1 时，单片机对 8155 的 I/O 口进行读写。

$\overline{RD}$、$\overline{WR}$：分别为读选通信号输入线和写选通信号输入线。

TIMER IN：8155 内部定时器/计数器的输入线。

TIMER OUT：8155 内部定时器/计数器的输出线。

8155 在与单片机接口时，是按片外数据存储器统一编址的，为 16 位地址，其高 8 位由片选线 CE 提供，低 8 位为片内地址。内部 I/O 及定时器的低 8 位编址如表4-3 所示。

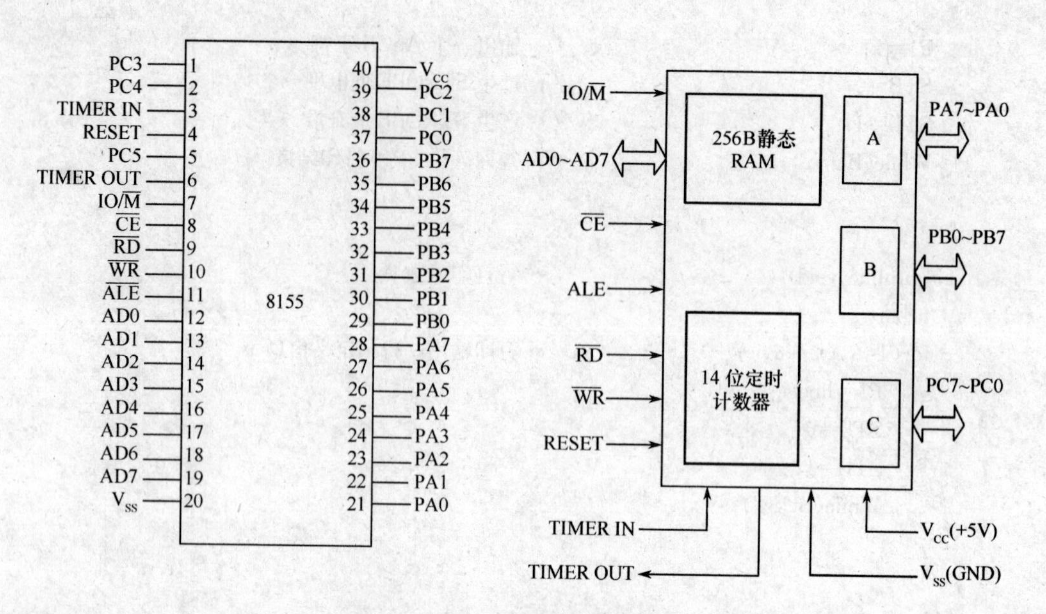

图 4-3　8155引脚及内部结构

表 4-3　8155 的 I/O 口编址

A7	A6	A5	A4	A3	A2	A1	A0	I/O 口
×	×	×	×	×	0	0	0	命令状态寄存器
×	×	×	×	×	0	0	1	PA 口
×	×	×	×	×	0	1	0	PB 口
×	×	×	×	×	0	1	1	PC 口
×	×	×	×	×	1	0	0	定时器低 8 位寄存器
×	×	×	×	×	1	0	1	定时器高 6 位和方式(2 位)寄存器

8155 内部的命令寄存器和状态寄存器使用同一个端口地址。命令寄存器只能写入不能读出,状态寄存器只能读出不能写入。8155I/O 口的工作方式由单片机写入命令寄存器的控制字确定。命令控制字的格式如图 4-4 所示。命令字的低 4 位定义 A 口、B 口

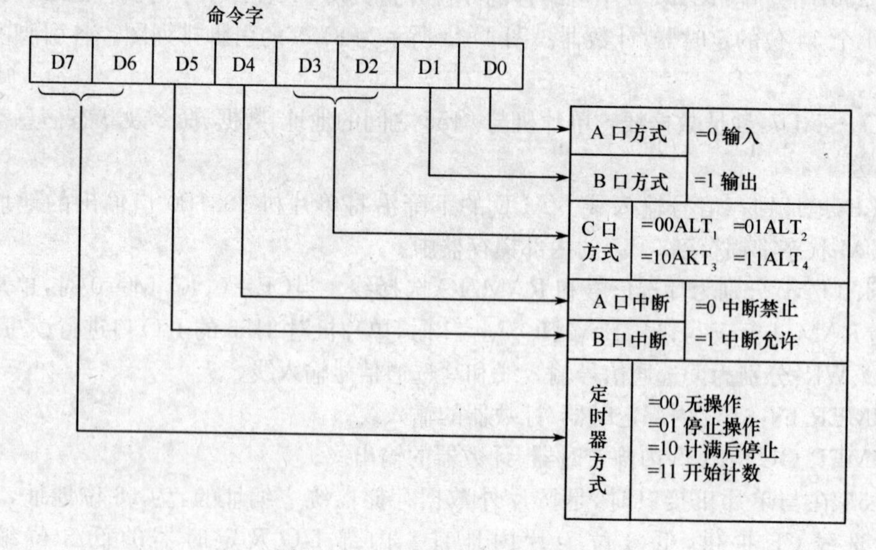

图 4-4　8155 命令控制字格式

和C口的工作方式，D3、D5位确定A口、B口以选通输入输出方式工作时是否允许申请中断，D6、D7位为定时器/计数器的运行控制位。I/O口的工作方式如下：

8155编程为ALT1、ALT2时，A、B、C口均工作于基本输入输出方式。

8155编程为ALT3时，A口定义为选通输入输出方式，B口定义为基本输入输出方式。

8155编程为ALT4时，A口和B口均定义为选通输入输出工作方式。

8155有一个状态寄存器，用来锁存输入输出口和定时器/计数器的当前状态，供CPU查询。状态寄存器和命令寄存器共用一个口地址。状态寄存器的格式如图4-5所示。单片机对该地址写入的是命令，对该地址读出的是8155的状态。

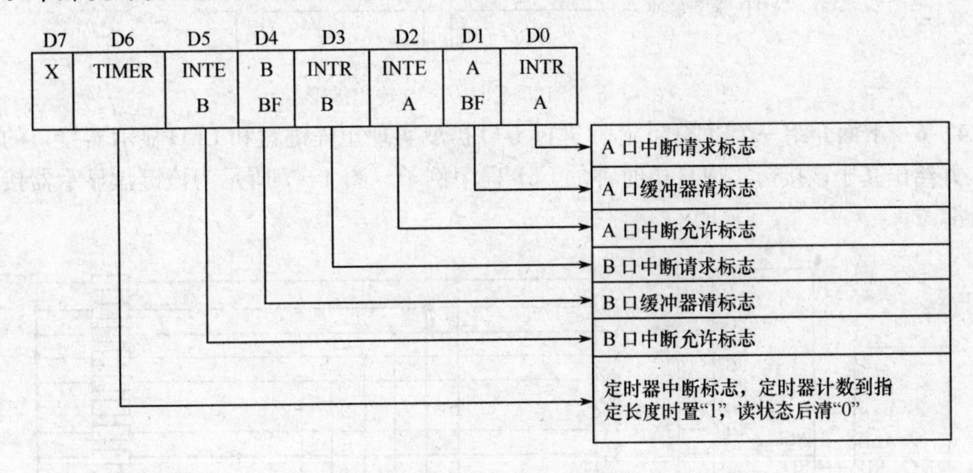

图4-5　8155状态寄存器格式

8155的定时器为14位的减法计数器，由2个字节组成，其格式如下：

高字节寄存器(M2和M1是工作方式码)

M2	M1	T13	T12	T11	T10	T9	T8

低字节寄存器(T0～T13为计数器的初值)

T7	T6	T5	T4	T3	T2	T1	T0

定时器有4种工作方式，由M2、M1两位确定，每一种工作方式的输出波形如图4-6所示。对定时器进行编程时，先要将计数常数和定时器工作方式送入定时器口地址(定时器低8位及定时器高6位、定时器方式M)。计数常数在0002H～3FFFH之间选择。定时器的启动和停止由命令寄存器的最高两位控制。

任何时候都可以设置定时器的长度和工作方式，然后必须将启动命令写入命令寄存器中。即使计数器在计数期间，在写入启动命令后仍可改变其工作方式。如果写入定时器的计数常数值为奇数，则输出的方波不对称。8155复位后并不预置定时器工作方式和计数常数值。若作为外部事件计数，由计数器状态求取外部输入事件脉冲的方法如下：

停止计数器计数，分别读取计数器的2个字节，取低14位计数值，若为偶数，右移一位即为外部输入事件的脉冲数；若为奇数，则右移一位后再加上计数初值的1/2的整数部分。

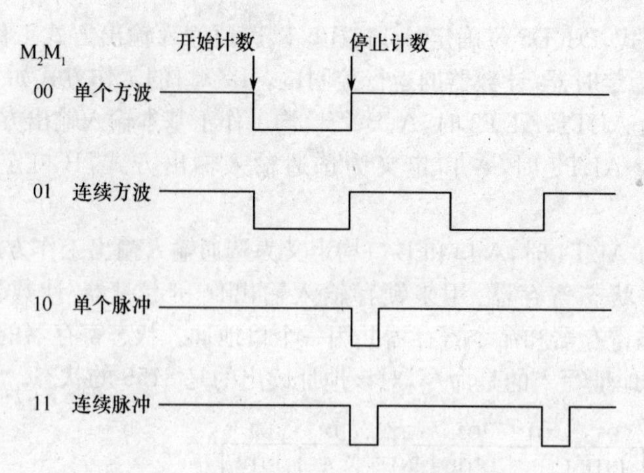

图 4-6 8155 定时方式与输出波形

例 4-6 下面介绍一个以 8155 芯片进行 I/O 扩展实现矩阵键盘和 LED 显示器接口的例子，并给出基于该接口实现日历时钟的 C51 程序例子。图 4-7 所示为该键盘显示器接口电路。

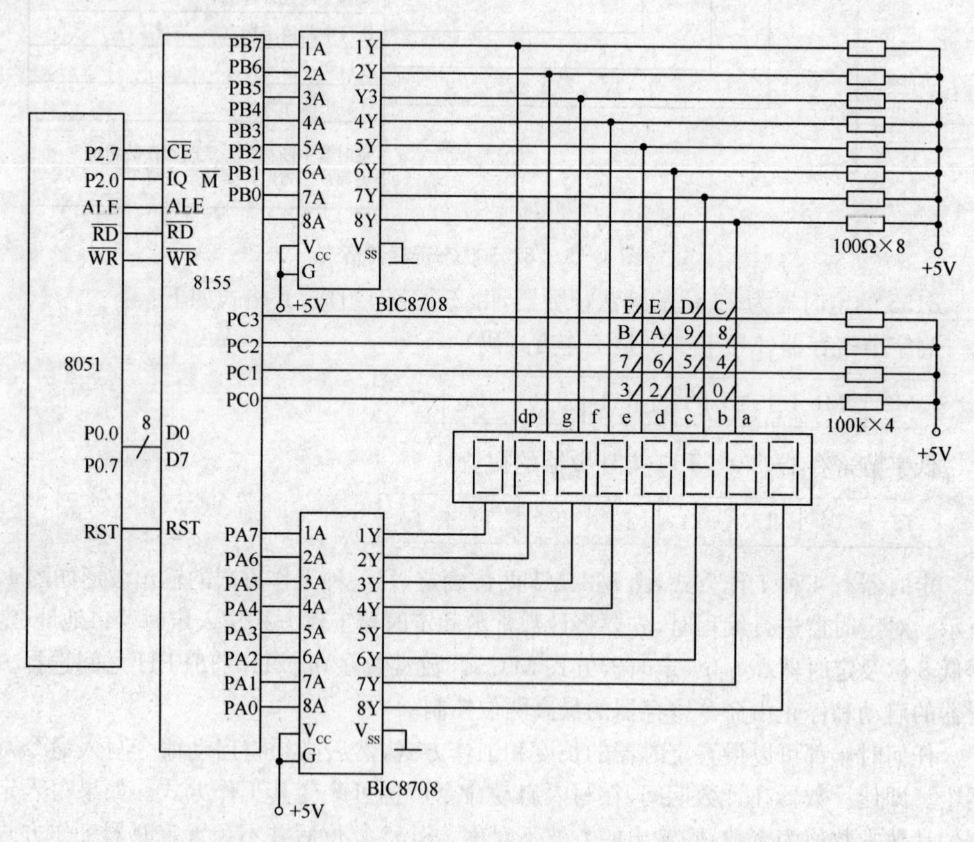

图 4-7 8155 芯片进行 I/O 扩展实现矩阵键盘和 LED 显示器接口

采用 8155 扩展一个 8 位 LED 显示器和 2×8 矩阵键盘的并行 I/O 接口。8155 的命令口地址为 7F00H，输入输出接口 PA～PC 的口地址分别为 7F01H～7F03H。另外还使用了 8155 内部 256 个字节的 RAM，其地址为 7E00H～7EFFH，该地址在程序中被定义成 PDATA 存储器，因此应对 C51 编译器的启动程序 STARTUP. A51 作如下修改：

```
PDATALEN        EQU OFFH    ；定义 PDATA 存储器空间大小(字节数)
PPAGEENABLE     EQU 1       ；定义允许使用 PDATA 存储器的使能标志
PPAGE           EQU 07EH    ；定义 PDATA 存储器的页地址
```

整个程序由两部分组成：C51 程序文件 MOD1. C 汇编程序文件 MOD2. A51。文件 MOD1. C 中包括全局变量定义，主函数 main()，系统初始化函数 init_sys()，功能调度函数 monitor()，定时器/计数器 0 中断服务函数 timer0()，矩阵键盘驱动函数(kbhit()和 get_ch())，LED 显示驱动函数 set_led_buf()、put_off_leds()和 put_on_leds()以及初始化时间设置与校时函数 set_data_time()，当前日期输出函数 ask_date()，字符串输入函数 get_str()和错误信息输出函数 error_message()。文件 MOD2. A51 是一个用汇编语言编写的延时程序，用于键盘消颤和动态显示延时。采用汇编语言可实现较为精确的软件延时。

在 Windows 集成开发环境 uVision51 中，新开一个项目(Project)文件 CLOCK，并将程序文件 MOD1. C、MOD2. A51 以及修改过的 STARTUP. A51 加入到该项目文件中去，在"Options"菜单的"BL51 Code Bank Linker"选项的 Size/Location 选项卡中设置 Pdata Address 为 7E00H。最后利用"Project"菜单中的"Make：Build Project"选项对项目进行编译和连接，最后生成 OMF51 格式目标文件 CLOCK，该文件可装入 dScope51 中调试运行，也可用 0H51 将其转换成 Intel HEX 文件用于 EPROM 编程。

程序提供初始化时间设置，自动计算时间、日历，动态显示时间、查询日期和校时功能。系统采用 6MHz 的晶振，用定时器 T0 提供计时基准，每隔 50ms 产生一次定时中断，由软件完成时间和日期的计算，并控制动态扫描显示。需要指出的是，采用 6MHz 晶振，定时器 T0 设置为工作方式 0 时，可计算出产生 50ms 定时所对应的初始时间常数为 9E58H，但由于软件重装时间常数会影响定时精度，若采用该计算值作为初始时间常数，24 小时将产生大约 2 分钟的累积误差，这个误差显然太大。通过实验确定使用初始值 9E75H 可使 24 小时累积误差减少到不大于 3 秒钟。

程序运行时，LED 数码管将首先显示"--------"，提示输入基准时间，按任意键后可按"××××××××××××××"格式输入基准日期和时间。例如，输入"19970506110825"表示 1997 年 5 月 6 日 11 点 8 分 25 秒。输入过程中 LED 自右向左滚动显示。如果输入的是合法的日期时间，系统即开始正常工作，并按"××-××-××"格式动态显示当前时间。否则重新显示提示符，并等待输入合法的时间日期值。

程序在正常运行过程中，可按"0"键来修改日期时间(校时功能)，修改值的输入方法与基准值输入方法相同。若输入正确，则以新输入的日期时间作为基准重新开始计时，否则不进行任何修改显示"ERROR"信息，10 秒后自动恢复以前的动态时间显示。按"1"键显示当前日期，显示格式为"××-××-××"。10 秒后自动恢复时间动态显示。在显示日期或错误信息"ERROR"时，按任意键(除"0"和"1"键之外)可提前恢复时间动态显示。

下面列出文件 MOD1. C 和 MOD2. A51 程序清单。

MOD1. C 程序清单如下：

```
# include <reg51. h>
```

```
#include <absacc.h>
#include <string.h>
#include <intrins.h>
#include <clype.h>
#include <stdlib.h>
#define Uchar unsigned char
#define Uint unsigned int
#define Ulong unsigned long

/* 定义8155的I/O端口地址 */
#define P8155CW 0x7f00                    /* 8155命令口地址 */
#define P8155IA 0x7f01                    /* 8155的PA口地址 */
#define P8155IB 0x7f02                    /* 8155的PB口地址 */
#define P8155IC 0x7f03                    /* 8155的PC口地址 */

/* 定义定时器T0的时间常数和方式控制字 */
#define V_TH0   0x9e                      /* 时间常数高8位 */
#define V_TL0   0x7f                      /* 时间常数低8位 */
#define V_TM0D 0x01                       /* 定时器T0方式控制字 */

/* 定义LED显示字符段码 */
static struct {
    Uchar ascii;
    Uchar stroke;
} code led_strokes[27]=\
{{'0',0x3f},{'1',0x06},{'2',0x5b},{'3',0x4f},{'4',0x66},\
{'5',0x6d},{'6',0x7d},{'7',0x07},{'8',0x7f},{'9',0x6f},\
{'A',0x77},{'B',0x7c},{'C',0x39},{'D',0x5e},{'E',0x79},\
{'F',0x71},{'H',0x76},{'O',0x5c},{'P',0x73},{'U',0x3e},\
{'R',0x50},{'Y',0x6e},{'.',0x80},{'-',0x40},{'=',0x48},\
{0x00,0x00},{0xff,0xff}};

/* 定义非闰年每月的天数 */
Uchar code days_month[13]={0,31,28,31,30,31,30,31,31,30,31,30,31}

atruct TIME {           /* 定义时间结构 */
    Uchar sec;
    Uchar min;
    Uchar hour;
};

atruct DATE {           /* 定义日期结构 */
    Uchar year;
```

```
    Uchar month;
    Uchar day;
};

struct TIME time;
struct DATE date;

/* 定义一组全局变量和函数原型 */
Uchar bdate flag;
sbit time_init=flag^0;
sbit auto_flush=flag^1;
sbit message_flag=flag^2;
Uint message_time;
Uchar led_buf[8];
extern void dealy(Uint);
void led_buf_auto_flush(void) reentrant;
bit leap_year(void) reentrant;
void init_sys(void);
void monitor(void);
void set_led_buf (Uchar,Uchar,Uchar);
Uchar get_strokes(Uchar);
void put_on_leds(void);
void put_off_leds(void);
bit kb_hit(void);
Uchar get_ch(void);
Uchar * get_str(Uchar *,Uint);
void ask_date(void);
hit set_date_time(void);
void error_message(void);
/* * * * * * * * * * * * * * * * * * * * * * * * * * * * * * * *
 *       函数原型:main();
 *       功    能:调用 init_sys()函数对系统进行初始化,调用 monitor()函数对
 *                用户输入的键盘命令进行解释。
 * * * * * * * * * * * * * * * * * * * * * * * * * * * * * * * **/
main(){
  init_sys();
  monitor();
}

/* * * * * * * * * * * * * * * * * * * * * * * * * * * * * * * *
 *       函数原型:void init_sys(void);
 *       功    能:对系统进行初始化并接受用户的初始化日期时间设置
 * * * * * * * * * * * * * * * * * * * * * * * * * * * * * * * * */
```

```
void init_sys(void){
    /* 8155 初始化 */
    XBYTE[P8155CW]=0x03;XBYTE[P8155IA]=0xff;XBYTE[P8155IB]=0xff;
    /* 定时器 T0 初始化 */
    TMOD=V_TMOD;TH0=V_TH0;TL0=V_TL0;
    TR0=1;ET0=1;EA=1;
    /* 标志变量初始化 */
    time_init=0;auto_flush=0;message_flag=0;message_time=0;
    /* 显示 8 个"-"直到用户按下"0"键并成功设置初始化日期时间为止 */
    set_led_buf('-',0,8);                 /* 用"-"填充 显示缓冲区 */
    while(1){
        put_on_leds();                    /* 显示缓冲区当 前的内容 */
        if(! get_ch())continue;           /* 如果用户按下的不是"0"键 */
    if(! set_date_time())                 /* 如果日期时间初始化不成功 */
        set_led_buf('-',0,8);
    else
        break;
    }
}

/* * * * * * * * * * * * * * * * * * * * * * * * * * * * * * * * * * * *
*       函数原型:void monitor(void);
*       功    能:用当前的时、分、秒值自动刷新 LED 显示,并对用户按键进行解释。
*                0 键表示校正日期和时间,如果校时成功,则动态显示时间,否则
*                显示出错信息 ERROR。1 键表示查询并显示当前日期。在显示出错信*息
*                ERROR 期间,按任意键可消除显示,否则,10 秒后自动恢复动态
*                时间显示。
* * * * * * * * * * * * * * * * * * * * * * * * * * * * * * * * * * * * /
void monitor(void){
    Uchar command;
    while(1){
        put_on_leds();                    /* 显示缓冲区当前的内容 */
        if(message_time==0){              /* 如果日期或出错信息显示时间为 0 秒 */
            message_flag=0;               /* 消除错误信息显示标志 */
            auto_flush=1;                 /* 设置用当前时间自动刷新缓冲区标志 */
        }
        if((command=get_ch())){           /* 如果有键按下 */
            message_flag=0;               /* 消除错误信息显示标志 */
            message_time=0;               /* 设置错误信息显示时间为 0 秒 */
        }
        switch(command){                  /* 对键盘命令进行解释 */
          case'0':if(! set_date_time())   /* 如果校时不成功 */
                      error_message();    /* 显示错误信息 ERROR */
```

```
                break;
        case'1':ask_date();                    /* 查询当前日期 */
                break;
        default:break;
        }
    }
}

/**************************************************************
*       函数原型:void timer0(void);
*       功  能:定时器 T0 中断服务函数。每次执行时先重装时间常数,然后检查日期和时间
               是否已经初始化,如果未初始化,则立即返回,否则每中断 20 次(即 1 秒钟),
               根据信息显示标志的设置来决定是否将日期或错误信息显示时间减 1,然后
               自动修改日期和时间结构。如果缓冲区自动刷新标志为 1,则用当前时间刷
               新显示缓冲区。
**************************************************************/
void timer0(void) interrupt 1 using2 {
    static Uchar click=0;                      /* 中断次数计数器变量 */
    /* 重装定时器 T0 时间常数 */
    TH0=V_TH0;TL0=V_TL0;
    if(! time_init)return;                     /* 如果日期时间未初始化,返回 */
    ++click;
    if(click>=20){                             /* 间隔 1s(20*50ms=1s) */
        click=0;
    /* 根据消息显示标志决定是否将消息显示时间减少 1s */
    if(message_flag && message_time)--message_time;
    /* 计算并修改时间和日期 */
    if(++time.sec>=60){
        time.sec=0;
          if(++time.min>=60){
              time.min=0;
                if(++time.hour>=24){
                    time.hour=0;
                      if(++date.day>days_month[date.month]){
                          if(date.month==2 && leap_year());
                          else date.day=1;
                          if(++date.month>12){
                                date.month=1;
                                ++date.year;
                          }
                      }
                }
          }
    }
```

```
    }
/* 如果已设置缓冲区自动刷新标志,则用当前时间刷新显示缓冲区 */
    if(auto_flush) led_buf_auto_flush();
    }
}
/* * * * * * * * * * * * * * * * * * * * * * * * * * * * * * * *
 *        函数原型:void led_buf_auto_flush(void);
 *        功    能:用当前时间的时、分、秒值填充显示缓冲区。
 * * * * * * * * * * * * * * * * * * * * * * * * * * * * * * * */
void led_buf_auto_flush (void) reentrant {
  led_buf[0]=time.sec%10+0x30;
  led_buf[1]=time.sec/10+0x30;
  led_buf[2]='-';
  led_buf[3]=time.min%10+0x30;
  led_buf[4]=time.min/10+0x30;
  led_buf[5]='-';
  led_buf[6]=time.hour%10+0x30;
  led_buf[7]=time.hour/10+0x30;
}

/* * * * * * * * * * * * * * * * * * * * * * * * * * * * * * * *
 *        函数原型:bit leap_year(void);
 *        功    能:判断某年是否为闰年,若是闰年则返回 1,否则返回 0。
 * * * * * * * * * * * * * * * * * * * * * * * * * * * * * * * */
bit leap_year(void) reentrant {
   if(date_year%4==0 && date.year%100!=0) return((bit)1);
   if(date_year%400==0) return((bit)1);
   return((bit)0);
}

/* * * * * * * * * * * * * * * * * * * * * * * * * * * * * * * *
 *        函数原型:void set_led_buf(Uchar c,Uchar pos,Uchar cnt);
 *        功    能:从显示缓冲区的 pos 位置开始,用字符 c 填充 cnt 个字符。
 * * * * * * * * * * * * * * * * * * * * * * * * * * * * * * * */
void set_led_buf(Uchar c,Uchar pos,Uchar cnt){
   Uchar ledbuf_pos;
   auto_flush=0;                              /* 填充期间关闭 LED 显示器 */
   for(leduf_pos=pos;cnt>0;cnt--){
        led_buf[leduf_pos]=((islower(c))(toupper(c));(c));
        leduf_pos++;
        if(leduf_pos>=8) leduf_pos=0;
   }
}
```

```
/* * * * * * * * * * * * * * * * * * * * * * * * * * * * * * * * *
*     函数原型:Uchar get_strokes(Uchar c);
*     功    能:从 LED 显示段码表中查找并返回字符 c 的字型。
* * * * * * * * * * * * * * * * * * * * * * * * * * * * * * * * */
Uchar get_strokes(Uchar c){
  Uchar i=0;
  while(led_strokes[i],ascii! =c) i++;
  return(led_strokes[i],stroke);
}
/* * * * * * * * * * * * * * * * * * * * * * * * * * * * * * * * *
*     函数原型:void put_on_leds(void);
*     功    能:将当前显示缓冲区的字符输出到 LED 显示器上。
* * * * * * * * * * * * * * * * * * * * * * * * * * * * * * * * */
void put_on_leds(void){
   Uchar dmask=0xfe;                           /* 显示位控制码 */
   Uchar pos;
   for(pos=0;pos<8;pos++){
      if(led_buf[pos]==0x00) put_off_leds();/* 关显示 */
      else {
         XBYTE[P8155IB]=get_strokes(led_buf[pos]);   /* 输出字型码 */
         XBYTE[P8155IA]=dmask;        /* 输出位控制码 */
      }
      delay(1);                                /* 延时 1ms */
      dmask=_crol_(dmask,1);                   /* 修改位控制码 */
   }
}

/* * * * * * * * * * * * * * * * * * * * * * * * * * * * * * * * *
*     函数原型:void put_off_leds(void);
*     功    能:关闭 LED 显示器。
* * * * * * * * * * * * * * * * * * * * * * * * * * * * * * * * */
void put_off_leds(void){
   XBYTE[P8155IA]=0xff;
   XBYTE[P8155IB]=0xff;
}

/* * * * * * * * * * * * * * * * * * * * * * * * * * * * * * * * *
*     函数原型:bit kb_hit(void);
*     功    能:判断是否有键被可靠地按下,有则返回 1,否则返回 0。
* * * * * * * * * * * * * * * * * * * * * * * * * * * * * * * * */
bit kb_hit(void){
   put_off_leds();                             /* 关显示 */
```

```
    XBYTE[P8155IB]=0x00;                    /* 往矩阵键盘列线送低电平 */
    if((XBYTE[P8155IC] & 0x3f)==0x3f)       /* 输入并检测行线状态 */
        return((bit)0);                     /* 行线为高电平时返回 0 */
    delay(8);                               /* 延时 8ms 消颤 */
    if((XBYTE[P8155IC] & 0x3f)==0x3f)       /* 再次输入并检测行线状态 */
        return((bit)0);                     /* 行线为高电平时返回 0 */
    return((bit)1);                         /* 有键可靠按下时返回 1 */
}

/* * * * * * * * * * * * * * * * * * * * * * * * * * * * * * * *
*       函数原型:Uchar get_ch(void);
*       功    能:等待用户按键,从矩阵键盘上输入一个 ASCII 字符,若输入成功则
*                 返回所输入的字符,否则返回 0。
* * * * * * * * * * * * * * * * * * * * * * * * * * * * * * * */
Uchar get_ch(void){
  Uchar row=0,col=0;
  Uchar mask=0xfe;
  Uchar plc;
  if(! kb_hit()) return(0);                 /* 无键按下,输入不成功,返回 0 */
  /* 分析按键所在的列号 */
    XBYTE[P8155IB]=mask;
    while((XBYTE[P8155IC] & 0x3f)==0x3f && mask>0xef){
      ++col;
      mask=_crol_(mask,1);
    XBYTE[P8155IB]=mask;
}
/* 分析按键所在的行号 */
pic=XBYTE[P8155IC] & 0x3f;
mask=0x01;
while(pic & mask){
   ++row;
   mask=_crol_(mask,1);
}
/* 等待按键释放 */
while((XBYTE[P8155IC] & 0x3f)! =0x3f);
XBYTE[P8155IB]=0xff;
/* 计算按键序号并将其转换成 ASCII 码值返回 */
pic=row*4+col;
if(pic<10) pic +='0';
else       pic +='A'-10;
return(pic);
}
```

```
/* * * * * * * * * * * * * * * * * * * * * * * * * * * * * * * *
*       函数原型:* get_str(Uchar * str,Uchar len);
*       功   能:从矩阵键盘输入长度为 len 的字符串,并将其存储在指针 str 所指
*               向的存储空间,并返回该指针。在输入的同时滚动显示所输入的字
*               符。
* * * * * * * * * * * * * * * * * * * * * * * * * * * * * * * * /
Uchar * get_str(Uchar * str,Uint len)
  Uchar pdata i;
  Uchar pdata ch;
  Uchar pdata keyboard_buf[14];                  /* 定义键盘缓冲区 */
  Uchar pdata ledbuf_pos=0,keybuf_pos=0;        /* 清除显示缓冲区 */
  set_led_buf(0x00,0,8);
  while(keybuf_pos<len){
    put_on_leds();                               /* 输入一个字符 */
    ch=get_ch();
    /* 如果成功,将显示缓冲区原有字符向左滚动一位 */
    /* 并将新字符放在显示缓冲区末尾,并送键盘缓冲区 */
    if(ch){
      for(i=ledbuf_pos;i>0;i--)
        led_buf[i]=led_buf[i-1];
      led_buf[0]=ch;
      if(++ledbuf_pos>7) ledbuf_pos=7;
      keyboard_buf[keybuf_pos ++]=ch;
    }
  }
  for(i=0;i<255;i++) put_on_leds();             /* 短时显示最后输入的字符 */
  memcpy(str,keyboard_buf,len);                  /* 复制键盘缓冲区中的输入串 */
  return(str);
  }

/* * * * * * * * * * * * * * * * * * * * * * * * * * * * * * * *
*       函数原型:bit set_date_time(void);
*       功   能:输入一个完整的表示日期和时间的字符串,分析其合法性,并将其
*               转换成年、月、日、时、分、秒值后,存储到相应的结构变量中,
*               然后启动计时和动态时间显示。如果成功则返回 1,否则返回 0。
* * * * * * * * * * * * * * * * * * * * * * * * * * * * * * * * /
bit set_date_time(void){
  Uchar pdata str[14];Uchar pdata ltime[5]; Uchar pdata lyear;
  Uchar pdata lmonth, lday,lhour,lmin,lsec;
  get_str(str,14);
  for(lsec=0;lsec<14 && isdigit(str[lsec]);lsec++);
  if(lsec! =14) return((bit)0);                 /* 日期时间字符串长度错,返回 0 */
  /* 下列语句从日期和时间字符串中分离出年月日和时分秒子字符串,
```

```
        判断它们的合法性,如果合法则转换成对应的整数值,否则返回 0 */
memcpy(ltime,str,4);
ltime[4]=0;
if(strcmp(ltime,"1995")<0) return((bit)0);
lyear=atoi(ltime);
memcpy(ltime,str+4,2);
ltime[2]=0;
if(strcmp(ltime,"01")<0 || strcmp(ltime,"12")>0) return((bit)0);
lmonth=atoi(ltime);
memcpy(ltime,str+6,2);
ltime[2]=0;
lday=atoi(ltime)
if(lmonth==2 && (lyear%4==0 && lyear%100! =0 || lyear%400==0));
    if(lday<1 || ldat>29) return((bit)0);
if(lday<1 || ldat>days_month[lmonth]) return((bit)0);
memcpy(ltime,str+8,2);
ltime[2]=0;
if(strcmp(ltime,"23")>0   return((bit)0);
lhour=atoi(ltime);
  memcpy(ltime,str+10,2);
ltime[2]=0;
if(strcmp(ltime,"59")>0   return((bit)0);
lmin=atoi(ltime);
memcpy(ltime,str+12,2);
ltime[2]=0;
if(strcmp(ltime,"59")>0   return((bit)0);
lsec=atoi(ltime);
/* 将年月日分秒值转储到相应的结构变量中去,*/
/* 启动计时并设置日期时间初始化和动态显示刷新标志 */
TR0=0;
date.year=lyear;
date.month=lmonth;
date.day=lday;
time.hour=lhour;
time.min=lmin;
time.sec=lsec;
TMOD=V_TMOD;
TL0=V_TL0;
TH0=V_TH0;
TR0=1;
time_init=1;
auto_flush=1;
return((bit)1);
```

```
}

/* * * * * * * * * * * * * * * * * * * * * * * * * * * * * * * *
*        函数原型:void ask_date(void);
*        功    能:将日期结构变量的年月日整数值转换成 ASCII 码字符后,拷贝到显示缓冲区
*                 并清除显示缓冲区自动刷新标志。
* * * * * * * * * * * * * * * * * * * * * * * * * * * * * * * * */
void ask_date(void){
   Uchar s[8];
   /* 将日期结构转换成日期字符串 */
   s[0]=date.day%10+0x30;
   s[1]=date.day/10+0x30;
   s[2]='-';
   s[3]=date.month%10+0x30;
   s[4]=date.month/10+0x30;
   s[5]='-';
   s[6]=date.year%10+0x30;
   s[7]=(date.month/10)%10+0x30;
   auto_flush=0;                        /* 清除显示缓冲区自动刷新标志 */
   memcpy(led_buf,s,8);                 /* 将日期字符串拷贝到显示缓冲区 */
   message_time=10;                     /* 将日期字符串显示时间置为 10s */
   message_flag=1;                      /* 设置日期显示标志 */
}

/* * * * * * * * * * * * * * * * * * * * * * * * * * * * * * * *
*        函数原型:void error_message(void);
*        功    能:将字符串"ERROR"填充到显示缓冲区。
* * * * * * * * * * * * * * * * * * * * * * * * * * * * * * * * */
void error_message(void){
  auto_flush=0;                     /* 清除显示缓冲区自动刷新标志 */
  set_led_buf('R',0,1);
  set_led_buf('0',1,1);
  set_led_buf('R',2,1);
  set_led_buf('R',3,1);
  set_led_buf('E',4,1);
  set_led_buf(0x00,5,3);
  message_time=10;                  /* 将出错信息显示时间置为 10 秒 */
  message_flag=1;                   /* 设置错误信息显示标志 */
}
```

MOD2.A51 程序清单如下:

```
/* * * * * * * * * * * * * * * * * * * * * * * * * * * * * * * *
*        函数原型:void delay(unsigned int count);
*        功    能:用软件方法延时 count 个毫秒。
```

```
* * * * * * * * * * * * * * * * * * * * * * * * * * * * * * * /
name delay
public_delay
seg_delay segment code
rseg seg_delay
using 0
_delay: push acc
        push ar5
        mov a,r7
        orl a,r6
        jz retmain
one_ms: nop
        nop
        nop
        mov r5,#246
here:   djnz r5,here
        dec r7
        mov a,r7
        jnz one_ms
        orl a,r6
        jz retmain
        dec r6
        dec r7
        sjmp one_ms
retmain: pop ar5
        pop acc
        ret
end
```

第5章 单片机与PC机通信

5.1 RS-232通信

5.1.1 RS-232接口电路

随着单片机和微机技术的不断发展，特别是网络技术在测控领域的广泛应用，由PC机和多台单片机构成的多机网络测控系统已成为单片机技术发展的一个方向。它结合了单片机在实时数据采集和微机对图形处理、显示的优点。同时，Windows环境下后台微机在数据库管理上具有明显的优势。二者结合，使得单片机的应用已不仅仅局限于传统意义上的自动监测或控制，而形成了向以网络为核心的分布式多点系统发展的趋势。

单片机和PC机的串行通信一般采用RS-232、RS-422或B3-485总线标准接口。为保证通信可靠，在选择接口时必须注意：通信的速率；通信距离；抗干扰能力；组网方式。

RS-232是早期为公用电话网络数据通信而制定的标准，其逻辑电平与TTL电平、CMOS电平完全不同。逻辑"0"规定为＋5V～＋15V，逻辑"1"，规定为－5V～－15V。由于RS-232发送和接收之间有公共地，传输采用非平衡模式，因此共模噪声会耦合到信号系统中，其标准建议的最大通信距离为15m。但实际应用中我们在300b/s的速率下可以达到300m。

RS-232规定的电平和一般微处理器的逻辑电平不一致，必须进行电平转换，实现逻辑电平转换可以采用以下三种方式：

(1) 采用MC1488和MC1489芯片的转换接口：MC1488和MC1489芯片为早期的RS-232至TTL逻辑电平的转换芯片，图5-1为采用MC1488和MC1489芯片的RS-232-TTL电平转换接口实际电路。该电路的不便之处是需要±12V电压，并且功耗较大，不适合用于低功耗的系统。图5-1中TXD、RXD分别接单片机的发送和接收端。

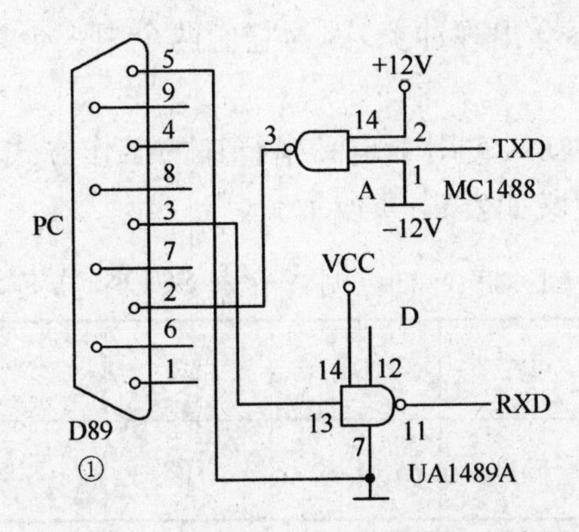

图5-1 RS-232-TTL电平转换电路(1)

(2) 采用 MAX232 芯片的转换接口：MAX232 是 MAXIM 公司生产的，包含两路驱动器和接收器的 RS-232 转换芯片。图 5-2 为采用 MAX232 芯片 RS-232-TTL 电平转换接口的实际电路。芯片内部有一个电压转换器，可以把输入的＋5V 电压转换为 RS-232 接口所需的±10V 电压，尤其适用于没有±12V 的单电源系统。与此原理相同的芯片还有 MAX202、AD 公司的 ADDt101 以及 SIL 公司的 IC1232 芯片。

(3) 采用分立元件实现转换接口：图 5-3 为采用分立元件实现的 RS-232-TTL 电平的转换接口电路，其特点是利用 PC 机的 RS-232 接口的 3 脚信号(也可用 4、7 脚)来供给负电源，PC 机的 3、4、7 脚在非发送逻辑“0”电平时均为 1 电平(-10V 左右)，其驱动能力为 20mA，利用这个特性，用一个二极管和电解电容，即在电解电容上获取了 RS-232 通信所需的负电源。该电路简单、功耗小，在没有专用芯片时不失为一种替代方法。

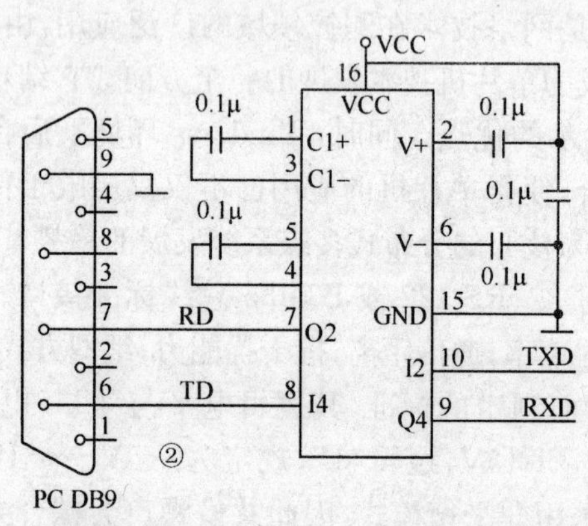

图 5-2 RS-232-TTL 电平转换电路(2)

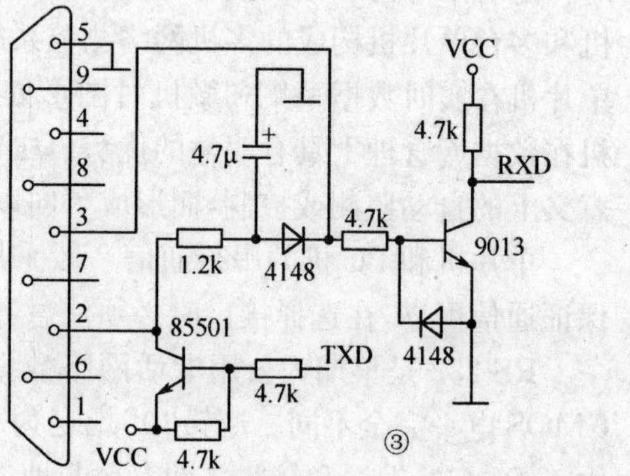

图 5-3 RS-232-TTL 电平转换电路(3)

5.1.2 8051 串行接口

8051 串行接口是一个可编程的全双工串行通信接口。它可用作异步通信方式(UART)，与串行传送信息的外部设备相连接，或用于通过标准异步通信协议进行全双工的 8051 多机系统，也可以通过同步方式，使用 TTL 或 CMOS 移位寄存器来扩充 I/O 口。

8051 单片机通过引脚 RXD(P3.0，串行数据接收端)和引脚 TXD(P3.1，串行数据发送端)与外界通信。SBUF 是串行口缓冲寄存器，包括发送寄存器和接收寄存器。它们有相同名字和地址空间，但不会出现冲突，因为它们两个中一个只能被 CPU 读出数据，一个只能被 CPU 写入数据。

串行口控制寄存器 SCON，它用于定义串行口的工作方式及实施接收和发送控制。字节地址为 98H，其各位定义如表 5-1 所示。

表 5-1 串行口控制寄存器 SCON 位定义表

D7	D6	D5	D4	D3	D2	D1	D0
SM0	SM1	SM2	REN	TB8	RB8	TI	RI

SM0、SM1 为串行口工作方式选择位，其定义如表 5-2 所示。

表 5-2 串行口工作方式选择位定义(fosc 为晶振频率)

SM0、SM1	工作方式	功能描述	波特率
0 0	方式 0	8 位移位寄存器	fosc/12
0 1	方式 1	10 位 UART	可变
1 0	方式 2	11 位 UART	fosc/64 或 fosc/32
1 1	方式 3	11 位 UART	可变

SM2:多机通信控制位。在方式 0 时,SM2 一定要等于 0。在方式 1 中,当(SM2)=1 则只有接收到有效停止位时,RI 才置 1。在方式 2 或方式 3 当(SM2)=1 且接收到的第九位数据 RB8=0 时,RI 才置 1。

REN:接收允许控制位。由软件置位以允许接收,又由软件清 0 来禁止接收。

TB8:是要发送数据的第 9 位。在方式 2 或方式 3 中,要发送的第 9 位数据,根据需要由软件置 1 或清 0。例如,可约定作为奇偶校验位,或在多机通信中作为区别地址帧或数据帧的标志位。

RB8:接收到的数据的第 9 位。在方式 0 中不使用 RB8。在方式 1 中,若(SM2)=0,RB8 为接收到的停止位。在方式 2 或方式 3 中,RB8 为接收到的第 9 位数据。

TI:发送中断标志。在方式 0 中,第 8 位发送结束时,由硬件置位。在其他方式的发送停止位前,由硬件置位。TI 置位既表示一帧信息发送结束,同时也是申请中断,可根据需要,用软件查询的方法获得数据已发送完毕的信息,或用中断的方式来发送下一个数据。TI 必须用软件清 0。

RI:接收中断标志位。在方式 0,当接收完第 8 位数据后,由硬件置位。在其他方式中,在接收到停止位的中间时刻由硬件置位(例外情况见于 SM2 的说明)。RI 置位表示一帧数据接收完毕,可用查询的方法获知或者用中断的方法获知。RI 也必须用软件清 0。

1. 串行口的工作方式

8051 单片机的全双工串行口可编程为 4 种工作方式,现分述如下。

方式 0 为移位寄存器输入/输出方式。可外接移位寄存器以扩展 I/O 口,也可以外接同步输入/输出设备。8 位串行数据是从 RXD 输入或输出,TXD 用来输出同步脉冲。

输出:串行数据从 RXD 引脚输出,TXD 引脚输出移位脉冲。CPU 将数据写入发送寄存器时,立即启动发送,将 8 位数据以 fos/12 的固定波特率从 RXD 输出,低位在前,高位在后。发送完一帧数据后,发送中断标志 TI 由硬件置位。

输入:当串行口以方式 0 接收时,先置位允许接收控制位 REN。此时,RXD 为串行数据输入端,TXD 仍为同步脉冲移位输出端。当(RI)=0 和(REN)=1 同时满足时,开始接收。当接收到第 8 位数据时,将数据移入接收寄存器,并由硬件置位 RI。

方式 1 为波特率可变的 10 位异步通信接口方式。发送或接收一帧信息,包括 1 个起始位 0,8 个数据位和 1 个停止位 1。

输出:当 CPU 执行一条指令将数据写入发送缓冲 SBUF 时,就启动发送。串行数据从 TXD 引脚输出,发送完一帧数据后,就由硬件置位 TI。

输入:在(REN)=1 时,串行口采样 RXD 引脚,当采样到 1 至 0 的跳变时,确认是开始位 0,就开始接收一帧数据。只有当(RI)=0 且停止位为 1 或者(SM2)=0 时,停止位才进入 RB8,8 位数据才能进入接收寄存器,并由硬件置位中断标志 RI;否则信息丢失。所以在方式 1 接收时,应先用软件清零 RI 和 SM2 标志。

方式 2 为固定波特率的 11 位 UART 方式。它比方式 1 增加了一位可程控为 1 或 0 的第 9 位数据。

输出:发送的串行数据由 TXD 端输出一帧信息为 11 位,附加的第 9 位来自 SCON 寄存器的 TB8 位,用软件置位或复位。它可作为多机通信中地址/数据信息的标志位,也可以作为数据的奇偶校验位。当 CPU 执行一条数据写入 SUBF 的指令时,就启动发送器发送。发送一帧信息后,置位中断标志 TI。

输入:在(REN)=1 时,串行口采样 RXD 引脚,当采样到 1 至 0 的跳变时,确认是开始位 0,就开始接收一帧数据。在接收到附加的第 9 位数据后,当(RI)=0 或者(SM2)=0 时,第 9 位数据才进入 RB8,8 位数据才能进入接收寄存器,并由硬件置位中断标志 RI;否则信息丢失,且不置位 RI。再过一位时间后,不管上述条件时否满足,接收电路即行复位,并重新检测 RXD 上从 1 到 0 的跳变。

方式 3 为波特率可变的 11 位 UART 方式。除波特率外,其余与方式 2 相同。

2. 波特率选择

在串行口的四种工作方式中,方式 0 和 2 的波特率是固定的,而方式 1 和 3 的波特率是可变的,由定时器 T1 的溢出率控制。

方式 0:方式 0 的波特率固定为主振频率的 1/12。

方式 2:方式 2 的波特率由 PCON 中的选择位 SMOD 来决定,SMOD=1 可由下式表示:

波特率=2 的 SMOD 次方除以 64 再乘一个 fosc,也就是当 SMOD=1 时,波特率为 1/32fosc,当 SMOD=0 时,波特率为 1/64fosc。

在方式 1 和方式 3 下,通信数据传输率由定时器的溢出频率来决定的,所以数据传输率可以变化的范围较大。相应的公式为

$$波特率=\frac{2^{smod}}{32}\times 定时器\ T1\ 溢出率$$

定时器 T1 溢出率的计算公式为:

T1 溢出率= T1 计数率/产生溢出所需的周期数

式中,T1 计数率取决于它工作在定时器状态还是计数器状态。当工作于定时器状态时,T1 计数率为 fosc/12;当工作于计数器状态时,T1 计数率为外部输入频率,此频率应小于 fosc/24。产生溢出所需周期与定时器 T1 的工作方式、T1 的预置值有关。

定时器 T1 工作于方式 0:溢出所需周期数=8192$-x$

定时器 T1 工作于方式 1:溢出所需周期数=65536$-x$

定时器 T1 工作于方式 2:溢出所需周期数=256$-x$

因为方式 2 为自动重装入初值的 8 位定时器/计数器模式,所以用它来做波特率发生器最恰当。

当时钟频率选用 11.0592MHz 时,容易获得标准的波特率,所以很多单片机系统选用这个看起来“怪”的晶振就是这个道理。

表5-3列出了定时器T1工作于方式2的常用波特率及初值。

表5-3　定时器T1工作于方式2的常用波特率及初值

常用波特率	fosc(MHZ)	SMOD	TH1初值
19200	11.0592	1	FDH
9600	11.0592	0	FDH
4800	11.0592	0	FAH
2400	11.0592	0	F4h
1200	11.0592	0	E8h

5.2　单片机双机通信

5.2.1　通信接口设计

使用8051单片机自带的串口通信模块,可以方便地在两台单片机之间进行点对点通信,即将两个8051的串口直接相连实现双机通信,连接时要注意将一方的TXD与另一方的RXD引脚相连,如图5-4所示。如果通信距离较远,可利用RS-232接口延长通信距离,根据5.1节的内容可知,使用RS-232接口进行异步通信,必须将单片机的TTL电平转换为RS-232电平,即在通信双方的单片机接口部分增加RS-232电气转换接口,在实践中常利用Maxim公司的MAX232集成芯片构成这样的接口电路,其电路图可参见图5-2。

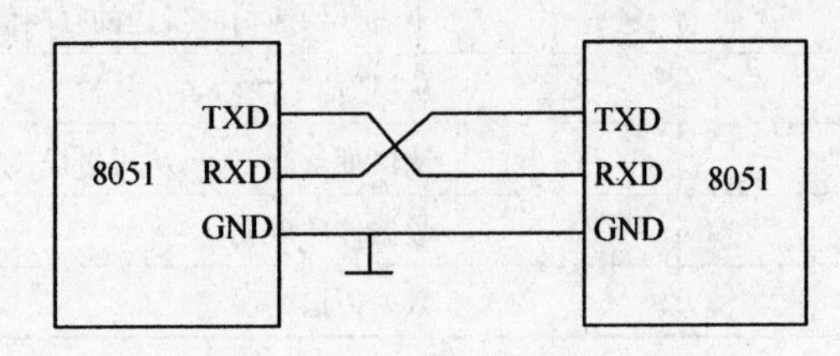

图5-4　单片机双机异步通信接口

5.2.2　单片机双机通信程序设计

无论是直接将单片机串口相连还是利用RS-232口延长通信距离,其通信程序的设计是一样的,在实际应用中,很多时候单片机之间的通信环境都是比较好的,协议不是很复杂,不失一般性,下面是一个简单数据传输的通信协议内容:

(1) 通信双方均使用9600b/s的速率进行主从通信,主机发送数据,从机接收数据,双方在发送数据和接收数据时使用查询方式。

(2) 双机开始通信时,主机发送呼叫信号06H启动握手过程,询问从机是否可以接收数据。

(3) 从机接收到握手信号后,如果同意接收数据则回送应答信号00H,表示可以接收,否则发送应答信号15H表示暂时无法接收数据。

(4) 主机在发送呼叫信号后等待,直到接收到从机的应答信号00H时,才确认完成握手过程,开始将数据缓冲区的内容发送给从机,如果接收到其他信息,主机将继续向从机呼叫。

(5) 从机在接收完数据后，将根据最后的校验字节判断数据接收是否正确，若接收正确，则向主机发送 0FH 信号，表示接收成功，若接收错误，则发送 F0H 信号，表示错误，并请求重发。

(6) 主机接收到 0FH，则通信结束，接收到其他任何信号都将导致主机重新发送这组数据。

通信协议中，主机发送的数据格式如下：

字节数 n	数据 1	数据 2	……	数据 n	字节奇偶校验

(7) 字节数 n：由主机向从机发送数据的个数。

(8) 数据 1～数据 n：主机向从机发送 n 个数据。

(9) 字节奇偶校验：字节数 n、数据 1、数据 2、……数据 n 共 $n+1$ 个字节相异或的结果，用于数据校验。

主机通信程序可分为 4 个部分，分别为预定义及全局变量部分、程序初始化部分、数据通信流程和发送数据部分。

(1) 预定义及全局变量部分。

该部分主要声明程序中用到的预定义和子函数。预定义部分对程序中使用的握手信号进行了规定和定义，其内容如表 5-4 所示。

表 5-4　握手信号规定和定义

信号	宏定义	定　义
0x06	_RDY_	主机开始通信时发送的呼叫信号
0x15	_BUSY_	从机“忙”应答，表示从机暂无法接收数据
0x00	_OK_	从机准备好，表示从机可以接收数据
0x0F	_SUCC_	数据传送成功
0xF0	_ERR_	数据传送错误

(2) 程序初始化部分。

程序初始化部分主要对数据缓冲区部分初始化。程序中定义的数据缓冲区部分最大为 64 个字节，通过读取 P0 口的内容完成对数据缓冲区部分的初始化。程序中每隔 100ms 就读取一次 P0 口的数据，并将其送入缓冲区，如果读取到的数据为 0x00，则表示数据读取完毕，程序将缓冲区的最后一个字节置“\0”表示数据结束，程序中延时部分使用 delay10ms() 函数实现，其 C51 程序代码如下：

```
Char buf[_MAX_LEN_];
Unsigned char i=0;
Unsigned char tmp=_BUSY_;
/*为缓冲区赋初值*/
P0=0xFF;
While(P1!=0) //每隔 100ms 就读取一次 P0 口的数据，若读取到 0 则表示数据采集结束
{
  *(buf+i)=P0;
delay10ms(10) //延时 100ms
```

```
P0=0xFF;
I++;
}
*(buf+i)=0; //缓冲区的最后一个字节为0表示数据结束
/*串口初始化*/
init_serial();
EA=0;
```

注:程序中通过调用 init_serial()函数实现对串口初始化。init_serial()函数中,定义串口的工作方式为工作方式1,波特率为9600b/s,单片机晶振为11.0592MHz,该函数的C51代码如下:

```
/*初始化串口*/
Void init_serial()
{
TOMD=0x20;
TH1=250;
TL1=250;
TR1=1;
PCON=0x80;
SCON=0x50;
}
```

(3) 数据通信流程。

主机数据通信流程如下:

(1) 主机发送_RDY_信号询问是否可以发送数据,随后主机进入等待状态,等待从机的应答信号。

(2) 如果接收到的应答信号为_BUSY_,表明从机现在处于"忙"状态,暂时无法接受数据,主机将反复发送_RDY_信号查询,直至从机空闲。如果接收到的信号为_OK_,表示从机可以接收数据,主机将调用 send_data()函数完成数据发送过程。

(3) 数据发送完后,主机等待从机的校验信号,如果接收到_SUCC_信号,表示数据传送成功,通信结束,否则主机将重新发送数据,直至传送成功。

其C51代码如下:

```
/*发送握手信号*/
TI=0;
SBUF=_RDY_;
While(! TI);
TI=0;
/*接收应答信号,如果接收的信号为00H,表示从机可以接收数据*/
While(tmp ! = _OK_)
{
RI=0;
While(! RI);
Tmp=SBUF;
```

```
RI=0;
}
/ * 发送数据并接收校验信号,如果接收的信号为 0FH,表示数据传送成功,否则主机将重新发送
   数据 * /
Tmp=_ERR_;
While(tmp! = _SUCC_)
{
send_data(buf);
RI=0;
While(! RI);
Tmp=SBUF;
RI=0;
}
While(1);;
```

(4) 发送数据部分。

具体的数据发送过程是调用子函数 send_data()实现的,其实现步骤如下:

① 程序首先检查缓冲区中数据部分的长度,并将其保存在变量 len 中;

② 发送数据长度 len 作为数据部分的第一个字节,并将该值赋给变量 ecc,开始校验过程;

③ 陆续发送缓冲区中的数据,在发送数据的同时,计算整个数据部分的校验字节(相异或);

④ 发送完数据后,最后发送校验字节,数据部分发送完毕。

其 C51 代码如下:

```
/ * 发送数据 * /
void send_data(unsigned char * buf)
{
  unsigned char len;
  unsigned char ecc;
  len=strlen(buf);
ecc=len;
/ * 发送数据长度 * /
TI=0;
SBUF=len;
While(! TI);
TI=0;
/ * 发送数据 * /
for(i=0;i<len;i++)
{
  Ecc=ecc^( * buf);
SBUF= * buf;
Buf++;
While(! TI);
```

```
TI=0;
}
/*发送校验字节*/
SBUF=ecc;
While(! TI);
TI=0;
}
```

5.3 基于 RS-485 总线的 PC 与多单片机间的串行通信

单片机因其优越的性价比和灵活的功能配置而被广泛地应用于测控领域。而 PC 则因为丰富的软、硬件资源,被广泛应用于网络监控系统中。因此,一台 PC 与多台单片机可组成主从式网络测控系统。串行通信是计算机和外部设备进行数据交换的重要渠道,由于其成本低,性能稳定并遵循统一的标准,因而在工程中被广泛应用。下面讨论一种基于串行通信标准的测控系统的通信协议及其具体的软、硬件实现。上位机以 PC 和 Windows 操作系统为软、硬件资源;下位机采用 ATMEL 公司 89C51,总线标准采用的是测控系统常用的 RS-485。

5.3.1 通信系统的硬件设计

尽管 RS-232 有些缺点,但在两台短距离设备间的短距离信息传输时,最通用的还是 RS-232。但对于多台设备的长距离传输,它就很难实现。而 RS-485 是一个多引出线接口,这个接口可以有多个驱动器和接收器,可以实现一台 PC 和多台单片机之间的串行通信;而且 RS-485 的最长传输距离为 1200m,适合中距离传输。本文针对油田钻井的滚动轴承信号采集及传输,根据工地实际工作环境,采用 RS-485 通信接口。

1. PC 和 RS-485 总线的接口

该接口的主要功能是完成 RS-232 到 RS-485 的转变,完成这个功能的芯片很多,比如 MAX-485,在此系统采用的是 ADAM 公司的 ADAM4250,RS-232/RS-485 转换器结构如图 5-5 所示。

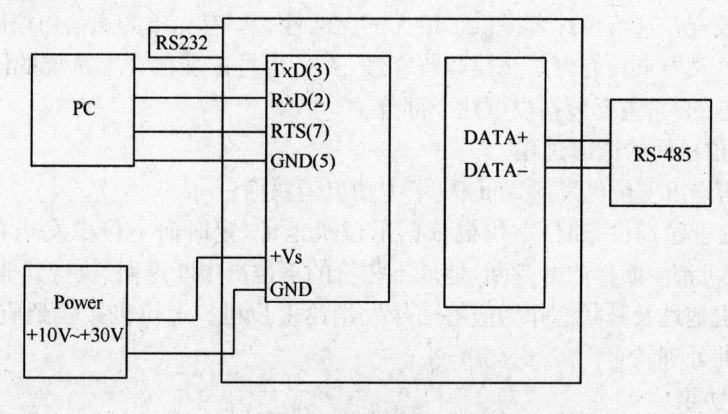

图 5-5 ADAM4250 结构

2. 89C51 和 RS-485 总线的接口

由于 MAX48x/49x 系列收发器组成的差分平衡系统抗干扰能力强，接收器可检测到 200mV 的信号，传输的数据可以在千米以外得到恢复，特别适合远距离通信，可以组成标准的通信网络。本系统采用 MAX487 接口芯片作为收发器，由于它的输入阻抗是标准接收器的 4 倍，因此最多可以挂 128 个接收器。

3. 系统的总体连接

本系统采用一主多从的总线型连接方式，如图 5－6 所示。为了消除反射，吸收噪声，采用 2 个 120Ω 的匹配电阻 R1 和 R2 连在总线的两端。其中 n 不大于 128。

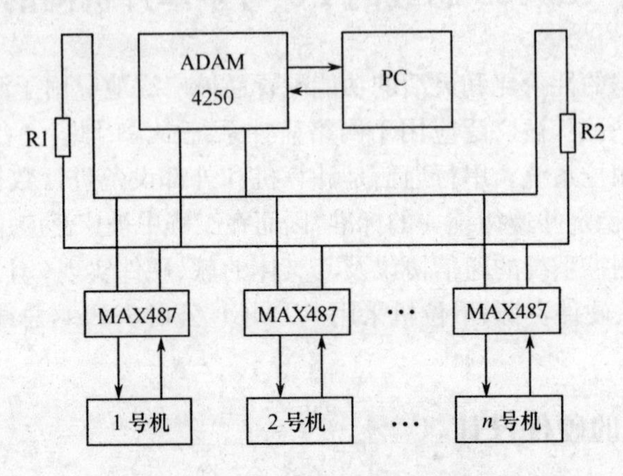

图 5－6　系统总体连接图

5.3.2　通信协议的设计

由于 RS-485 通信是一种半双工通信，发送和接收共用同一物理通道，在任意时刻只允许一台单片机处于发送状态，因此要求应答的单片机必须在侦听到总线上呼叫信号已经发送完毕，并且在没有其他单片机应答信号的情况下才能应答。如果在时序上配合不好，就会发生总线冲突，使整个系统的通信瘫痪，无法正常工作。上位机与下位机之间如何进行数据传输，怎么提高通信的效率和可靠性，以及对通信过程中的故障处理、帧格式的约定，都需要一套详尽的通信协议。RS-485 总线只制定了物理层电气标准，对上层通信协议没有规定。这给设计者提供了很大的灵活性。一套完整的通信协议既要求结构简单，功能完备，又要求具有可扩充性与兼容性，并且尽量标准化。本系统的协议就是从这几个方面考虑的，它主要包括以下几个部分。

1. 上下位机间的通信过程

(1) 通信均由上位机发起，下位机不主动申请通信。

(2) 当处于轮询状态时，上位机依据下位机地址，定时向下位机发送呼叫指令。此时，每台下位机都中断接收并判断，地址不相符的下位机中断返回，执行其他下位机任务；反之则把本机地址及其状态作为应答信号发送给上位机。上位机接收到应答信号后，可以作进一步的处理。

2. 通信协议

本系统采用比较简单的通信协议：PC 机需要与单片机通信时，首先发送一个字节的信号，以 16 进制表示为 AAH，单片机接收到 AAH 后，就将需要发送的数据连续地向 PC

机发送;PC 机与单片机通信结束时,向单片机发送一个字节的信号,以 16 进制表示为 55H,结束数据发送。单片机发送给 PC 机的数据格式如表 5-5 所示。

表 5-5 单片机发送给 PC 机的数据格式

开始码	数据体	校验和	结束码
00H	DATA[0]DATA[1]…DATA[N-1]	DATASUM	FFH

5.3.3 通信系统的软件设计

1. 上位机通信软件设计

系统的上位机软件用 VB6.0 实现,利用 VB6.0 提供的 MSComm 通信控件,可以方便地访问串口,实现数据的接收和发送。由于系统用一台上位机监控多台下位机,所以上位机监控界面主要包括 3 个。

(1) 轮询界面,即主监控界面。可以监测到下位机的状态(运行、停机、故障)。考虑到通用型,下位机的台数可以根据实际需要添加或删除,最多可带 128 台下位机。本系统默认为 50 台。

(2) 下位机运行监视和控制界面。主要是对某一台定位控制器进行状态监视和位置给定。

(3) 下位机内部参数设定界面。可以根据实际需要对某一台定位控制器的运行参数进行修改。

开发通信程序的关键是发送和接收数据。给出上位机中数据发送和接收的部分程序。

上位机中数据发送和接收的 C51 程序

```
MSComm1.Settings=Settings                        ;串口的波特率设置
send_arr0(0)=&H02                                ;数据发送数组
send_arr1(0)=BPQ_Address
……
send_arr7(0)=send_arr1(0)Xor send_arr2(0)…Xor send_arr6(6)
Output_Enable=False                              ;关闭轮询
Open_Port                                        ;开串口
MSComm1.RTSEnable=False                          ;置发送状态
MSComm1.Output=send_arr0                         ;发送
Choose_Delay                                     ;发送延时
MSComm1.Output=send_arr1
Choose_Delay
……
MSComm1.Output=sen_arr7
Choose_Delay
MSComm1.RTSEnable=True                           ;置接收状态
Choose_Frame_delay                               ;接收延时
Accept_arr=MSComm1.Input                         ;数据接收数组
For j=Lbound(Accept_arr)To Ubound(Accept_arr)
```

```
If Ubound(Accept_arr)=7 Then
Buf(j)=buf(j)+Str(Accept_arr(j))
```

由于程序较长，对程序其他部分不详细叙述，这里只列几个注意点：

(1) 由于采用半双工传输方式，开始发送前要禁止接收。发送结束后要先关闭发送再开启接收，以保证数据传输的正确性。

(2) 发送以字节为单位，每个字节间要考虑延时，以免因溢出而丢失数据。延时时间主要取决于传输时所确定的波特率。

(3) 接收数据也要考虑延时，以等待下位机将一个单位的数据全部发给上位机。

2. 下位机通信软件的设计

本系统中的单片机采用的是 ATMEL 公司 89C51，这是在国内应用相当广泛的一款单片机，程序用 C51 来编写，从实时性角度来考虑，下位机的通信方式采用中断方式。这样下位机程序就包括了下位机主程序和下位机中断服务程序。主程序用于定时器 T1 初始化、串行口初始化和中断初始化。中断服务程序用于对上位机的通信。主程序和中断服务程序的框图如图 5-7、图 5-8 所示。由于篇幅所限，程序这里就不做介绍了。

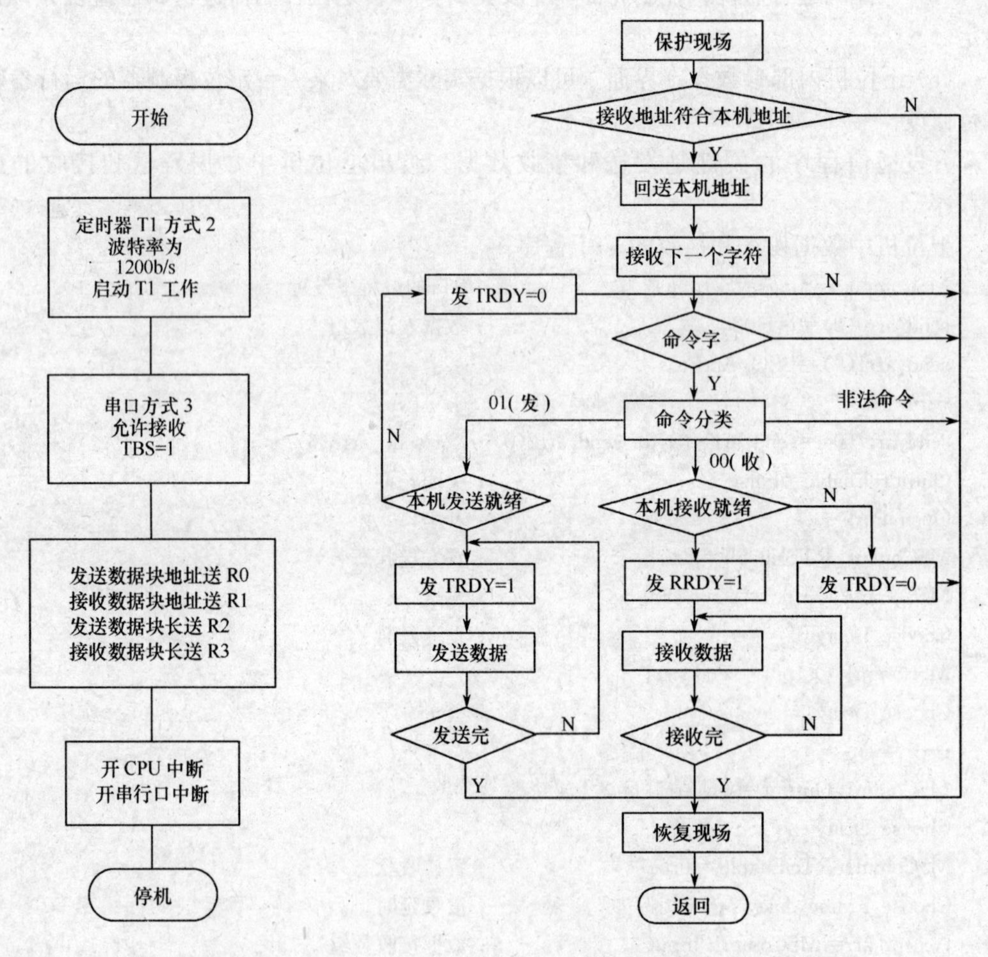

图 5-7　下位机主程序框图　　图 5-8　下位机中断服务程序的框图

第6章 单片机应用系统实例

6.1 单片机驱动标准PC机键盘的C51程序

本节实现PC机键盘(P/S2接口)与8位单片机连接使用。

原理:键盘时钟接在P3.2口,即8051的外部中断INT0上,键盘数据接到P1.0上,每次按键,键盘会向单片机发脉冲使单片机发生外部中断,数据由P1.0口一位一位传进来,传回的数据格式为:1位开始位(0),8位数据位(所按按键的通码,用来识别按键),1位校验位(奇校验),1位结束位(1)。

实现:将键盘发回的数据放到一个缓冲区里(数组),当按键结束后发生内部中断来处理所按的按键。

```
//#include"reg51.h"
#include "intrins.h"
#include "ku.h" //按键通码与ASCII对照表
sbit sda= p1^0; //键盘数据线
unsigned char dat=0,dat1=0,dat2=0; //接收键盘数据变量? 存储通码变量,接收连续通码变量
unsigned char count=0,num=9,temp[5],shu=0; //中数次数,中断控制变量,缓冲区数组,缓冲
                                            区指针
unsigned char key=0; //按键最终值
void zhongduan() interrupt 0 //外部中断0用来接收键盘发来的数据
{
    dat>>=1; //接收数据 低→高
    if(sda) dat=0x80;
    count++;
    if(count==num)
    {
        if(count==9)
        {
          dat1=dat; //中断9次后为键盘所按按键的通码(开始位始终为0,在第一次中断时右
                    移中忽略)
          num=20; //使中断可以继续中断11次
        }
        if(count==20)
        {
          dat2=dat; //取回第二个通码
          if(dat1==0xe0 || dat2==0xf0) //第一个通码是0xe0,则证明所按按键为功能键,第
```

```
                              二个通码是 0xf0，证明按键结束
        {
          temp[shu]=dat1;temp[shu+1]=dat2; shu+=2; //将所按按键存到缓冲区中
          ie=0x82; //关闭外部中断并打开内部中断来处理所按按键
          tr0=1;
        }
        Else
        {
          temp[shu]=dat1;temp[shu+1]=dat2; shu+=2; //如果 Shift 键被按下，则记录与
                                                        它同时按下的那个键
          count=0;
        }
        if((temp[0]==18 || temp[0]==89) && (temp[2]==18 || temp[2]==89) ) tr0
        =1; //如果缓冲区中有两个间隔的 Shift 键，则证明需要的按键结束
      }
    }
  }
void getkey() interrupt 1 //内部中断 0 用来处理缓冲区里的数据
{
  unsigned char i=0;
  tr0=0;
  th0=0;
  tl0=0;
  count=0; //中断记数则全部置 0
  if((temp[0]==18 || temp[0]==89) && temp[1]! =0xf0 ) //Shift 键被按下
  {
    for(i=0;i<21;i++)
    {
      if(addshift[i][0]==temp[1]) //搜索 Shift 键被按下的表
      {
        key=addshift[i][1];
        ie-0x83; //打开外部中断
        return;
      }
    }
  }
  else if(temp[0]==0xe0) //所按下的按键是功能键
  {
    for(i=0;i<80;i++)
    {
      if(noshift[i][0]==temp[1]) //功能键的通码在缓冲区的第二位
      {
        key=noshift[i][1];
```

```
            ie=0x83;
            return;
         }
      }
   }
   else //普通按键
   {
      for(i=0;i<80;i++)
      {
         if(noshift[i][0]==temp[0]) //普按键的通码在缓冲区的第一位
         {
            key=noshift[i][1];
            ie=0x83;
            return;
         }
      }
   }
   for(i=0;i<5;i++)
   {
      temp[i]=0;
   }
}
```

6.2 高精度实时时钟——SD2310AS

SD2310AS 是一种具有内置晶振、两线式串行接口的高精度实时时钟芯片。该芯片可保证时钟精度为正负百万分之五(±5ppm)(在−10℃～50℃下),即年误差小于 2.5 min;该芯片内置时钟精度调整功能,可以在很宽的范围内校正时钟的偏差(分辨力为百万分之三(3ppm)),通过内置的数字温度传感器可设定适应温度变化的调整值,实现在宽温范围内高精度的计时功能;内置串行 E^2PROM,用于存储各温度点的时钟精度补偿数据。该系列芯片可满足对实时时钟芯片的宽温高精度要求,为工业级产品,是在选用高精度实时时钟时的理想选择。主要性能特点:低功耗:典型值 0.5μA(VDD=3.0V,Ta=25℃,时钟电路部分)。工作电压:2.7V～5.5V,工作温度:−40℃～85℃,时钟电路计时电压:1.2V~5.5V;年、月、日、星期、时、分、秒的 BCD 码输入/输出,并可通过独立的地址访问各时间寄存器;自动日历到 2099 年(包括闰年自动换算功能);可设定并自动重置的两路定时闹钟功能(时间范围在 1 周内);周期性中断脉冲输出:2Hz、1Hz、每分钟、每小时、每个月输出可选择不同波形的中断脉冲;可控的 32768Hz 方波信号输出;内置时钟精度数字调整功能;30s 时间调整功能;内部晶振停振检测功能;保证时钟的有效性;内置总线1 s自动释放功能,保证了时钟数据的有效性及可靠性;内置电源稳压,内部计时电压可低至 1.2V;内置数字温度传感器;内置 2KB 容量的串行 E^2PROM;用于存储从−40℃到85℃各温度点的时钟精度补偿数据;内置晶振,出厂前已对时钟进行校准,通过温补可保证:在－10℃～50℃下精度≤正负百万分之五(±5ppm);在－40℃～85℃下精度≤正负百万分之十(±10ppm)。工业级型号:SD2310ASPI,封装形式:16-SOP 贴片封装。

具体说明参见附录光盘文件 SD2310AS. pdf。

```
"reg51. h"
#include "intrins. h"
unsigned char SystemError;
sbit SCL= P1^6; //定义串行时钟线所在口,使用时根据自己的需要来定义
sbit SDA= P1^7; //定义串行数据线所在口,使用时根据自己的需要来定义

#define SomeNOP(); {_nop_();_nop_();_nop_();_nop_();}

void I2CStart(void)
{
    EA=0;
    SDA=1; SCL=1; SomeNOP();//数据线保持高,时钟线从高到低一次跳变,I²C 通信开始
    SDA=0; SomeNOP();
    SCL=0;
}

void I2CStop(void)
{
    SCL=0; SDA=0; SomeNOP(); //数据线保持低,时钟线从低到高一次跳变,I²C 通信停止
    SCL=1; SomeNOP(); SDA=1;
    EA=1;
}

WaitAck(void)
{
    unsigned char errtime=255;//因故障接收方无 ACK,超时值为 255
    SDA=1;
    SCL=1;
    SystemError=0x10;
    while(SDA)
    {
        errtime--;
        if(! errtime)
        {
            AD7416_I2CStop();
            AD7416_SystemError=0x11; //出错后给全局变量赋值
            return;
        }
    }
    SCL=0;
}
```

```
void SendAck(void)
{
    SDA=0; SomeNOP(); //数据线保持低,时钟线发生一次从高到低的跳变,发送一个应答信号
    SCL=1; SomeNOP();
    SCL=0;
}

void SendNotAck(void)     /*主器件为接收方,从器件为发送方时,非应答信号*/
{
    SDA=1; SomeNOP(); //数据线保持高,时钟线发生一次从高到低的跳变,没有应答
    SCL=1; SomeNOP();
    SCL=0;
}

void I2CSendByte(Byte ch)
{
    unsigned char i=8;
    while (i--)
    {
        SCL=0;_nop_();
        SDA=(bit)(ch&0x80); ch<<=1; SomeNOP(); //时钟保持低,可以发送数据
        SCL=1; SomeNOP();
    }
    SCL=0;
}

Byte I2CReceiveByte(void)
{
    unsigned char i=8,data=0;
    SDA=1;
    while (i--)
    {
        data<<=1;
        SCL=0;SomeNOP();
        SCL=1;SomeNOP(); //时钟做一次从低到高的跳变,可以接收数据
        data=SDA;
    }
    SCL=0;
    return data;
}
```

6.3 简易智能电动车

本节通过8051单片机制作了一个简易智能电动车,它能实现的功能是:从起跑线出发,

沿引导线到达B点。在此期间检测到铺设在白纸下的薄铁片,并同时发出声光指示信息,实时存储、显示在“直道区”检测到的薄铁片数目。电动车到达B点以后进入“弯道区”,沿圆弧引导线到达C点,能够检测C点下正方形薄铁片,并在C点处停车5s,停车期间发出断续的声光信息,之后继续行驶,在光源的引导下,利用超声传感器传来的信号通过障碍区进入停车区并到达车库。最后,电动车完成上述任务后能够立即停车,全程行驶时间小于90s。

另外,系统中传感器电路额外加入了单片机,便于89C51单片机在之后的运行中检测四周电路,减小89C51负担。

软件方面:因为,利用传感器在检测到某物体时输出信号发生特定变化这种规律,让单片机只对此类信号有所反应,大大减少了处理数据、算法的时间,从而加快了系统的反应速度。

6.3.1 方案比较、选择与论证

根据要求,有两种解决方案。

1. 精确定时法

这种方案主导思想是在对电动车直线、转弯行驶速度以及行程的准确把握基础上利用单片机定时来使电动车顺利通过直道区、弯道区、障碍区并且最终到达车库。

缺点:供电电压不稳定,易导致小车车速不稳定,则距离不好控制;另外路线固定不变,不能应对意外事件,而且想要准确跑完全程,需要对于电动车的起始位置、直线行进参数、转弯半径进行精密测量和计算,智能化差。

2. 传感器引导法

这种方法核心是单片机通过对传感器信号检测来控制制动电机和电机转向的动作,智能化大大增强,可以用图6-1形象地表示出来。

图6-1 电动车传感器引导法示意图

可把任务分为直道加弯道区、障碍区和停车区,划分依据是:三个部分所用到的感应器不同,实现方法也存在差别。

直道加弯道区主要用黑白检测光电传感器和金属探测接近开关。

障碍区则是用到了超声波传感器(带显示)。

停车区考虑车库放置了光源,因此选择了光电传感器引导小车进入车库。

比起前一种方案来说,这种方案应用面更广,也更接近实用化、智能化。重要的是单片机可以通过对感应器信号的检测来控制电机运作,从而大大提高了运行过程中的实时性、准确性,使得电动车能够轻松地完成整个过程。

综上所述,本系统设计选用方案2。

6.3.2 系统总体方案设计

1. 系统总体结构设计及说明

该系统实现了电动车的自动行驶、躲避障碍物、探测金属、计数、报警、光电引导功能、测量距离、数码显示、电机控制等功能。系统总体结构框图如图 6-2 所示。

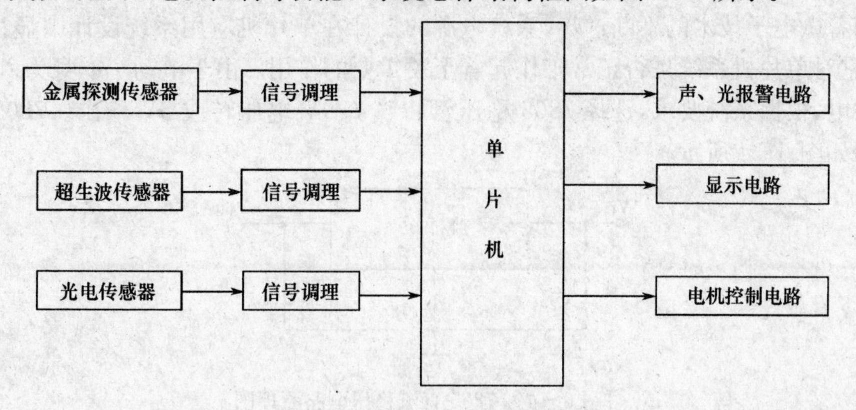

图 6-2 系统总体结构框图

单片机检测出感应器输出信号从而输出控制信号，控制电机工作，在直道区，考虑引导线是黑颜色，不宜反光，决定利用这一特性选用反射式光电传感器，当其输出信号照射到黑色引导线上是输出一个非常微弱的低电平。这个过程是一个负跳变的过程，通过对此信号高低电平的检测就可以使电动车沿着直道区和弯道区的引导线行进。

当地下有金属时，金属探测器发出一个高电平，用单片机进行检测。

沿引导线到达 C 点，将从金属探测接近开关发送来的信号作为一个外部终端信号处理，执行停车并发出断续的声光信号，同时进行 5s 定时计数工作。

在车头安装有超声传感电路对障碍物进行检测(有效距离 30cm)。

光电传感器接收部分用于采集光信号，通过比较输出信号向车库行驶(始终朝输出信号最强的方向行驶)。

以上就是完成这个题目的大体思路和方法。

2. 系统硬件详细设计、理论分析和计算、详细电路图

根据系统要求，硬件电路包括：电源部分、单片机最小系统、超声波测距电路、金属探测电路、光电传感器、黑白探测传感器、

(1) 电机控制电路、显示电路，电动车整体图如图 6-3 所示。

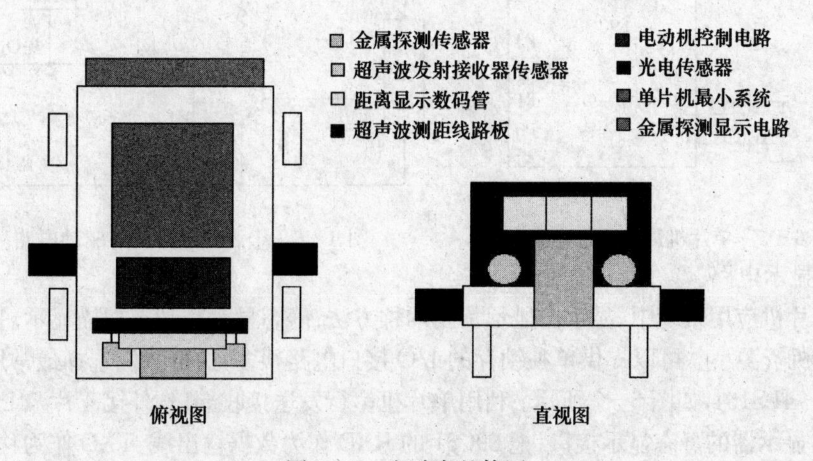

图 6-3 电动车整体图

(2) 电源部分。

随着微电子技术的不断进步,系统电源的设计在单片机应用系统设计中显得越来越重要,它对单片机系统是否正常工作起着至关重要的作用。由于电动车本身为六节 1.5V 电池供电,根据系统要求,选择 7805 稳压管将直流 9V 电压转成 5V 输出。7805 直流稳压电路如图 6-4 所示。

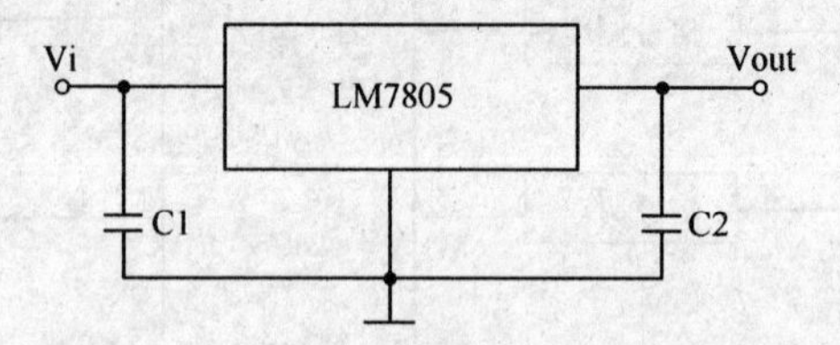

图 6-4　7805 直流稳压电路原理图

电动机和金属传感器部分用原有的 9V 电压信号,其他电路、传感器都为 5V 电压供电。

(3) 单片机最小系统。

利用单片机最小系统实验电路板完成传感器与电动机的连接和控制。单片机选用 89C51,其内部有 4KB 的 Flash ROM,电路设计简单。具体为 89C51 的 18、19 脚接 6MHz,40 脚输入信号为 5V,20 脚接地,EA 脚接高电平。电路如图 6-5 所示。

(4) 金属探测电路。

由电路图可以得出,当有金属被其探测到时,输出端输出一个高电平,即发生一个正向跳变,将这个正向跳变信号用单片机检测出来,借此控制电动机产生相应的动作。

图 6-6 是金属接近开关外驱动电路。

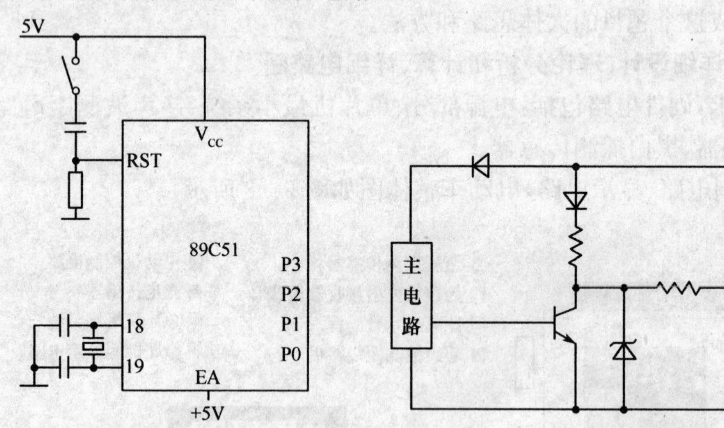

图 6-5　单片机最小系统实验电路　　　图 6-6　金属接近开关外驱动电路

(5) 显示电路。

在单片机应用系统中,显示器显示常用两种方法:静态显示和动态扫描显示。静态显示占用单片机资源小。可以提供单独锁存的 I/O 接口电路很多,这里我们选择最常用的串/并转换电路 74LS164,如图 6-7 所示。利用单片机串行发送接收端口,外接 4 片 74LS164 作为 4 位 LED 显示器的静态显示接口,把 89C51 的 RXD 作为数据输出线,TXD 作为移位时钟脉冲。74LS164 为 TTL 单向 8 位移位寄存器,可实现串行输入,并行输出。

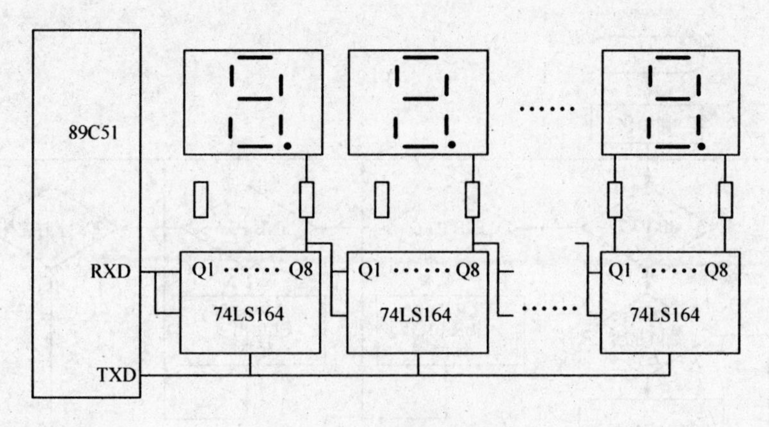

图 6－7　显示电路示意图

(6) 系统总图。

系统总图如图 6－8 所示。

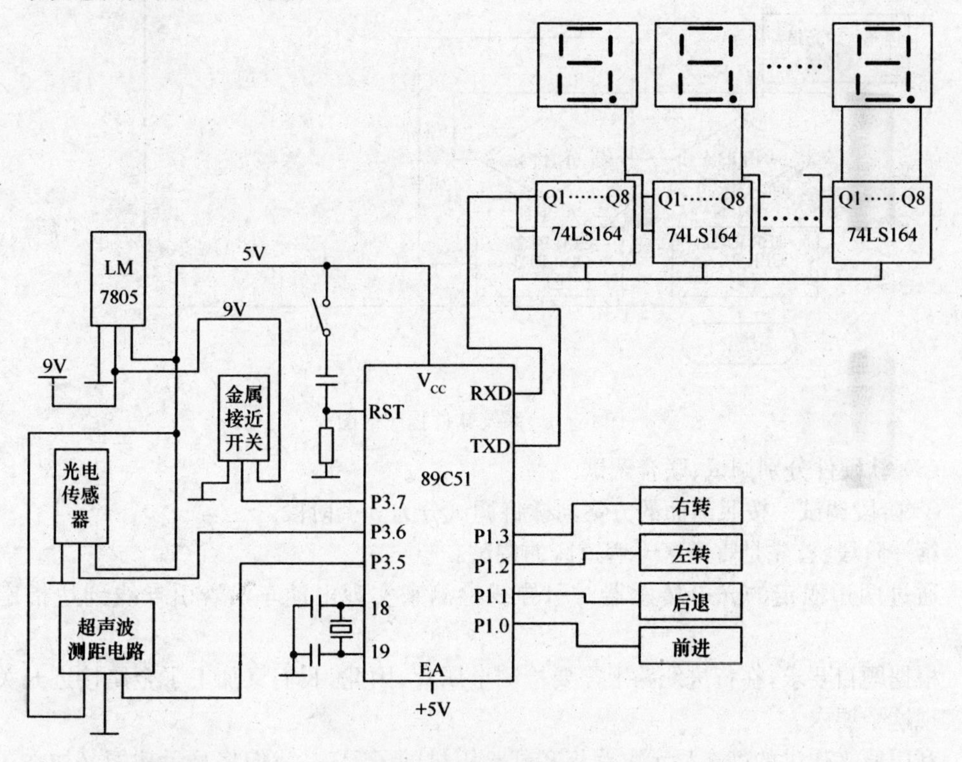

图 6－8　系统总图

(7) 系统软件功能设计、理论分析和计算、各程序框图(图 6－9)。

根据方案设定的三个部分重点解决问题，可以将单片机大量工作集中在信号检测和精确定时计数上。因为这是一个对实时性要求很高的系统，所以大量数据信号都要在尽量短的时间内完成。

具体实现方法如下：

利用单片机查寻法编程，不断地检测外部传感器信号，并及时输出显示。编程关键是实时输出。除了传感器本身延时外，还与优化程序程度和电机控制度有关。

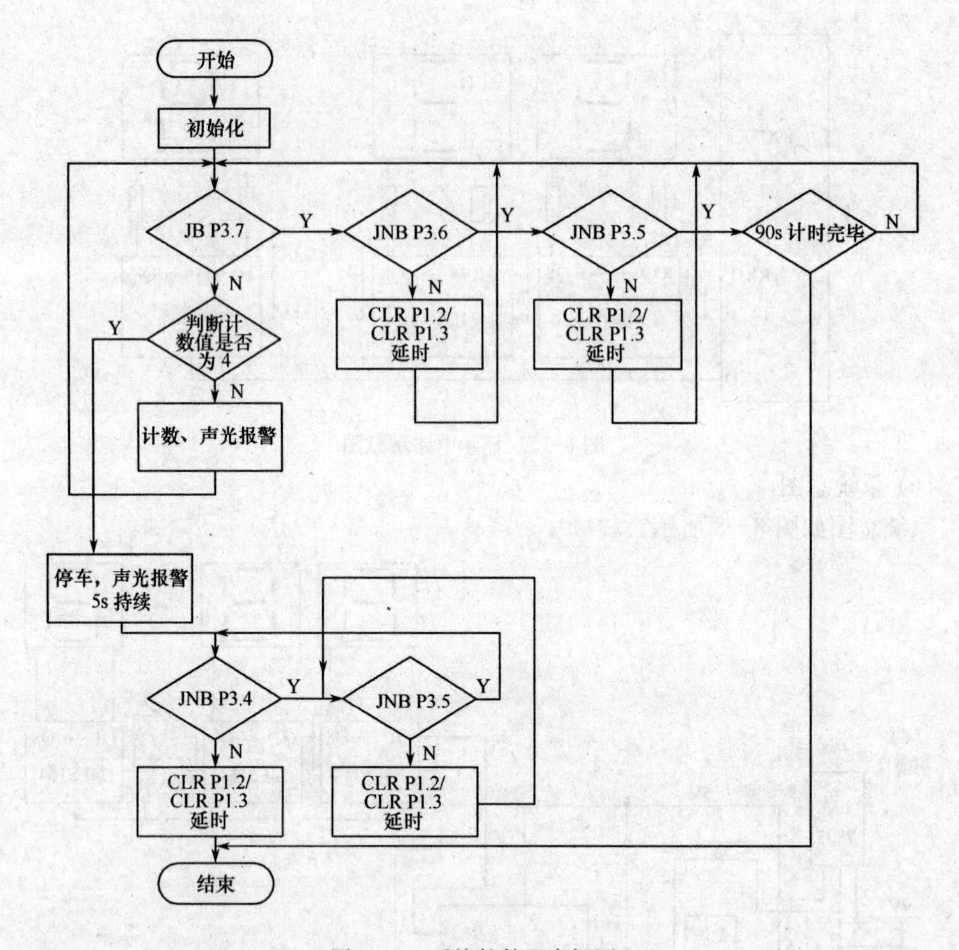

图 6－9　系统软件程序框图

(8) 软硬件分别调试、联合调试。

① 阶段调试。按照前面的方案同样将调试分为 3 个阶段。

第一阶段:首先是直道区＋弯道区的调试。

通过两边固定的光电传感器对引导线检测来实现电动车沿着引导线到达指定的地点。

根据题目要求,在行进线路上需要检测金属片,因此,我们又加上了金属接近开关用于实现这个要求。

利用原来作过的静态显示电路板和试验用过的子程序,我们将显示功能又加在了系统当中。

第二阶段:障碍区的调试。

在障碍区主要解决的问题是如何躲避障碍物,我们根据题目在车头安装了一个超声波发送接收模块,当检测到有障碍物时进行转向。

第三阶段:停车区的调试。

检测光电接收器的输出信号,来寻找光信号最强的方向。

② 联合调试。在分步调试全部通过的基础上,我们开始了整个系统的协调调试,协调金属传感器、黑白光电传感器、超声波传感器、光电传感器的配合工作。

6.4 I^2C 串行总线标准驱动程序

6.4.1 I^2C 总线概述

I^2C(inter IC bus)总线是由 Philips 公司提出的串行通信接口规范,常见的中文译名有“间总线”或“内部集成电路总线”。它使用两条线:串行数据线(SDA)和串行时钟线(SCL),使连接到该总线上可访问的器件之间传送信息,属于多主控制总线。总线上的每个器件均可设置唯一的地址,从而可实现器件的有效访问。自 Philips 公司推出 I^2C 总线后,Philips 公司及其他公司纷纷相继推出了许多 I^2C 总线产品,如各种微处理器、(PCF8571/8570,128/256B)、A/D(PCF8591)、D/A(TDA8442/8444)转换器、E^2PROM 及各种 I^2C 总线接口电路(PCF8584)等。由于 I^2C 总线的使用可以简化电路,省掉了很多常规电路中的接口器件,提高产品的可靠性,在许多领域尤其在目前使用的 IC 卡领域获得了广泛的应用,国际标准 ISO7816-2 规定了 IC 卡与读写设备信息传输是基于 I^2C 总线传输协议的。不仅如此,I^2C 总线在家电方面也有较广泛的应用,如国产长虹 NC-3 机芯彩电、东芝火箭炮等。尽管 Philips 公司推出带有 I^2C 总线接口的 80C31 系列单片机,如:8XC528、8XC552、8XC562、8XC751 等,但在单片机组成的智能化仪表和测控系统中,仍有相当比例数量使用的是 MCS51、AT89C5X 系列单片机,如 8031、8751、AT89C51、AT89C52 等,它们不具有 I^2C 串行总线接口。本节将介绍在不具有 I^2C 串行总线接口的单片机 8031 应用系统中实现 I^2C 总线接口的方法和软件设计。

6.4.2 I^2C 总线的组成及 I^2C 总线性能

1. I^2C 总线的特点

由于 I^2C 总线仅用两条线来传达信息,因而具有独特的优点:

(1) 可最大限度地简化结构;可实现电路系统的模块化、标准化设计。

(2) 标准 I^2C 总线模块的组合开发方式大大地缩短了新产品的开发周期。

(3) I^2C 总线系统具有很大的灵活性;I^2C 总线各节点具有独立的电气特性。

(4) I^2C 总线系统可方便地对某一节点电路故障进行诊断与跟踪,有很好的可维护性。

2. I^2C 总线的组成

I^2C 总线是芯片间串行传输总线,与 SPI,MICROWIRE/PLUS 接口不同,它以一根串行数据线和一根串行时钟线组成,如图 6-10 所示,它是全双工双向数据传输线,核心是主控 CPU,被控器的 SDA,SCL 要相应地接到 I^2C 总线的 SDA,SCL 上,可以方便地构成多机系统和外围器件扩展系统。I^2C 总线采用了器件地址的硬件设置方法,从而使硬件系统具有简单而灵活的扩展方法。按照 I^2C 总线的规定,其 SDA、SCL 各要通过上拉接到 V_{CC} 上。

3. I^2C 总线协议

任何总线的推出及应用都有其特有的规定,其总线时序图如图 6-11 所示。

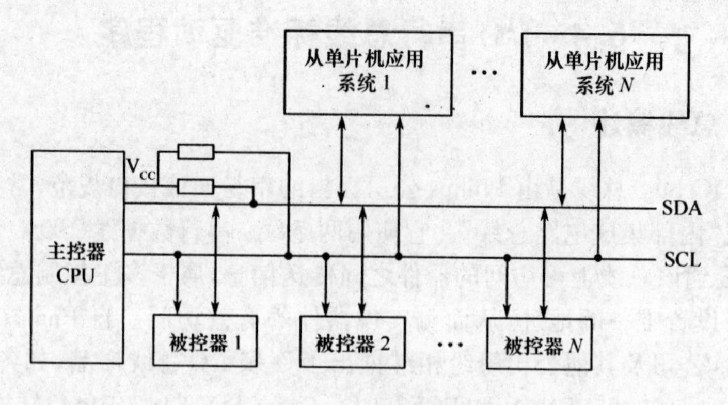

图 6-10　I^2C 总线的组成

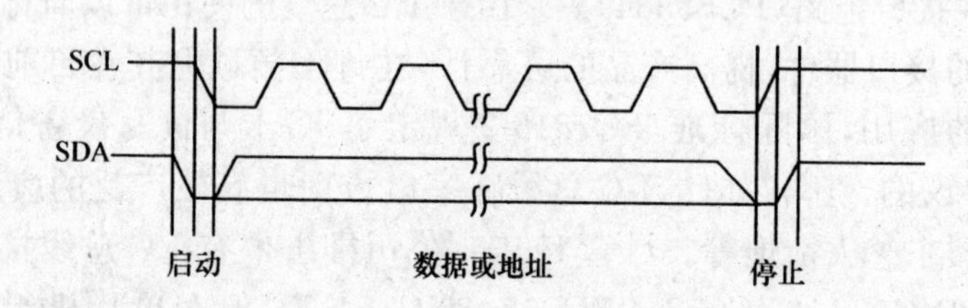

图 6-11　I^2C 总线时序图

I^2C 总线一般须满足如下协议：

(1) 只有当总线不忙时，数据传送才能开始。

(2) 数据传送期间，无论何时时钟线为高，数据线必须保持稳定。当时钟线为高时，数据线的变化将认为是传送的开始或停止。

(3) 当时钟线为高时，数据线由高到低的变化决定开始条件。

(4) 当时钟线为高时，数据线由低到高的变化决定停止条件。

(5) 在开始条件后，SCL 低电平期间，SDA 允许变化，每位数据需一个时钟脉冲，当 SCL 为高时，SDA 必须稳定。

(6) 主控器在应答时钟脉冲高电平期间释放 SDA 线，转由接收器控制。受控器在应答时钟脉冲高电平期间必须拉低 SDA 线，以使之为稳定的低电平作有效应答。

(7) 总线不忙时，数据线和时钟线保持为高电平。

4. I^2C 总线上的数据传输方式

图 6-12 为 I^2C 总线数据传输格式示意图，第一部分为数据传输起始信号，即由此开始进行数据传送；第二部分为受控 IC 的地址，用来选择向哪一个受控 IC 传送数据；第三部分为读/写位，它指示出受控 IC 的工作方式；第四部分为应答信号，它是被 CPU 选中的受控 IC 向 CPU 传回的确认信号；第五部分为传送的数据；第六部分为停止位。在 I^2C 总线上挂接的所有被控 IC 都要有一个自己的地址，CPU 在发送数据时，I^2C 总线上的所有被控 IC 都会将 CPU 发出位于起始信号后面的受控电路地址与自己的地址相比较，如果两者相同，则该被控 IC 认为自己被 CPU 选中，然后按照读/写位规定的工作方式接收或发送数据。

起始	被控 IC 地址	读/写控制位	应答位	数据	停止

图 6-12　I^2C 总线数据传输格式

6.4.3　I^2C 总线在单片机 8031 中的实现

因为 8031 单片机不带有 I^2C 总线硬件接口，只能靠编写软件来模拟 I^2C 总线时序。这里以单片机应用系统中较为常见的 E^2PROM 中 AT24C02 为例，给出了在 8031 上利用 I/O 线实现 I^2C 串行总线的方法和软件设计。根据 I^2C 总线时序图和 I^2C 总线的数据传输规范，给出详细的 AT24C02 起始、停止、发送和接收 R_7 个字节的驱动程序清单。I^2C 总线接口原理图如图 6－13 所示。

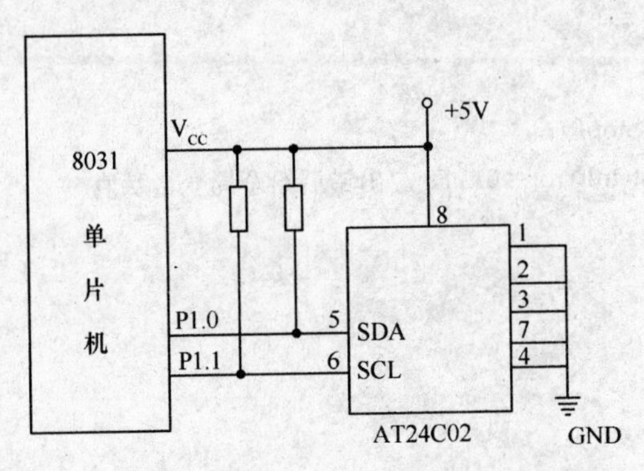

图 6－13　I^2C 总线接口原理图

源程序：

```
"reg51. h"
#include "intrins. h"
unsigned char SystemError;
sbit SCL= P1^6; //定义串行时钟线所在口,使用时根据自己的需要来定义
sbit SDA= P1^7; //定义串行数据线所在口,使用时根据自己的需要来定义
#define SomeNOP(); {_nop_();_nop_();_nop_();_nop_();}

void I2CStart(void)
{
    EA=0;
    SDA=1; SCL=1; SomeNOP();//数据线保持高,时钟线从高到低一次跳变,I2C通信开始
    SDA=0      ; SomeNOP();
    SCL=0;
}

void I2CStop(void)
{
    SCL=0; SDA=0; SomeNOP(); //数据线保持低,时钟线从低到高一次跳变,I2C通信停止
    SCL=1; SomeNOP(); SDA=1;
    EA=1;
}

WaitAck(void)
```

```
{
    unsigned char errtime=255;//因故障接收方无 ACK,超时值为 255
    SDA=1;
    SCL=1;
    SystemError=0x10;
    while(SDA)
    {
        errtime--;
        if(! errtime)
        {
            AD7416_I2CStop();
            AD7416_SystemError=0x11; //出错后给全局变量赋值
            return;
        }
    }
    SCL=0;
}

void SendAck(void)
{
    SDA=0; SomeNOP(); //数据线保持低,时钟线发生一次从高到低的跳变,发送一个应答
                        信号
    SCL=1; SomeNOP();
    SCL=0;
}
void SendNotAck(void)
{
    SDA=1; SomeNOP(); //数据线保持高,时钟线发生一次从高到低的跳变,没有应答
    SCL=1; SomeNOP();
    SCL=0;
}

void I2CSendByte(Byte ch)
{
    unsigned char i=8;
    while (i--)
    {
        SCL=0;_nop_();
        SDA=(bit)(ch&0x80); ch<<=1; SomeNOP(); //时钟保持低,可以发送数据
        SCL=1; SomeNOP();
    }
    SCL=0;
}
```

```
Byte I2CReceiveByte(void)
{
    unsigned char i=8,data=0;
    SDA=1;
    while (i--)
    {
      data<<=1;
      SCL=0;SomeNOP();
      SCL=1;SomeNOP(); //时钟做一次从低到高的跳变,可以接收数据
      data=SDA;
    }
    SCL=0;
    return data;
}
```

附录A　光盘说明

1. 版权说明

本光盘为《8051单片机的C语言应用程序设计与实践》一书的配套光盘，仅供读者进行学习、研究之用，不做任何商业目的。本光盘的示例文件不能保证完全符合读者的需要，在使用本光盘中的任何示例文件之后，若发生任何软件、硬件错误，或由此造成损失，与编著者及出版社无关。

2. 内容说明

示例文件按章节组织，在示例文件目录下。

3. 运行环境

1）硬件配置

建议配置：P4，512MB内存。

2）运行环境

Keil C51 V7.06

操作系统：Win98，Winnt，Win2k，Winxp。

附录B　Cx51库函数

Cx51提供了许多标准库函数。对于单片机初学者只要会使用其中部分常用的库函数就可以完成绝大多数编程开发工作。本附录只列出一些常用的标准库函数，更详细的库函数可访问 www. keil. com 网站。

1. CTYPE. H

CTYPE. H 文件包含对 ASCII 字符分类转换的程序。其库函数有 isalnum、isalpha、iscntrl、isdigit、isgraph、islower、isprint、ispunct、isspace、isupper、isxdigit、toascii、toint、tolower、_tolower、toupper、_toupper。其函数功能表如表 B-1 所示。

表 B-1　CTYPE. H 库函数功能说明

库函数	功 能 说 明
isalnum	可重入，是否是一个字母或数字字符
isalpha	可重入，是否是一个字母字符
iscntrl	可重入，是否是一个控制字符
isdigit	可重入，是否是一个十进制数
isgraph	可重入，是否是一个除空格以外字符
islower	可重入，是否是一个小写字母字符
isprint	可重入，是否是一个可打印字符
ispunct	可重入，是否是一个标点字符
isspace	可重入，是否是一个空格
isupper	可重入，是否是一个大写字母字符
isxdigit	可重入，是否是一个十六进制数
tolower	可重入，测试一个字符，如果大写则转换成小写
toupper	可重入，测试一个字符，如果小写则转换成大写
_tolower	可重入，测试一个字符，无条件转换成小写
_toupper	可重入，测试一个字符，无条件转换成大写
toascii	可重入，转换一个字符为 ASCII 码
toint	可重入，转换一个十六进制数为十进制数

2. MATH. H

MATH. H 文件包含所有浮点运算的程序原型和定义。数学函数也在这个文件中，所有的数学函数程序包括 abs、exp、modf、acos、fabs、pow、asin、floor、sin、stan、fmod、sinh、atan2、fprestore、sqrt、cabs、fpsave、tan、ceil、labs、tanh、cos、log、cosh、log10。其函数说明如表 B-2 所示。

表 B-2　MATH.H 库函数功能说明

库函数	功能说明
acos/acos517	反余弦
asin/asin517	反正弦
Atan/atan517	反正切
Atan2	分数的反正切
ceil	取数
Cos/cos517	余弦
cosh	双曲余弦
Exp/exp517	指数函数
fabs	可重入取绝对值
floor	小于等于指定数的最大数
fmod	浮点数余数
Log/log517	自然对数
Log10/log10517	常用对数
modf	取出整数和小数部分
pow	幂
rand	随机数
Sin/sin517	正弦函数
sinh	双曲正弦
srand	初始化随机数发生器
Sqrt/sqrt517	平方根
tan/tan517	正切函数
tanh	双曲正切
_chkfloat	固有的,可重入的,检查 float 数的状态
crol	固有的,可重入的一个 unsigned char,向左循环位移
cror	固有的,可重入的一个 unsigned char,向右循环位移
irol	固有的,可重入的一个 unsigned int,向左循环位移
iror	固有的,可重入的一个 unsigned int,向右循环位移
lrol	固有的,可重入的一个 unsigned long,向左循环位移
lror	固有的,可重入的一个 unsigned long,向右循环位移
abs	可重入,取一个整数类型的绝对值
atof/atof517	转换一个字符串为 float
atoi	转换一个字符串为 int
atol	转换一个字符串为 long
cabs	可重入,取一个字符类型的绝对值
labs	可重入,取一个 long 类型的绝对值
strtod/strtod517	一个字符串转换为一个 float
strtol	一个字符串转换为一个 long
strtoul	一个字符串转换为一个 unsigned long

3. STDIO. H

STDIO. H 包含文件也定义了 EOF 常数，STDIO. H 包含 I/O 程序的原型和定义，包括 getchar、_getkey、gets、printf、putchar、puts、scanf、sprintf、sscanf、ungetchar、vprintf、vsprintf，其函数说明如表 B-3 所示。

表 B-3 STDIO. H 库函数功能说明

库函数	功能说明
getchar	可重入，用_getkey 和 putchar 程序读和显示一个字符
_getkey	用 8051 串口读一个字符
gets	用 getkey 程序读和显示一个字符
printf/ printf517	用 putchar 程序写格式化数据
putchar	用 8051 串口写一个字符
puts	可重入，用 putchar 程序写一个字符串和换行符
scanf/ scanf517	用 getchar 程序读格式化数据
ungetchar	把一个字符放回到 getchar 输入缓冲区
vprintf	用 putchar 函数写格式化数据
vsprintf	写格式化数据到一个字符串

4. STDLIB. H

标准函数 STDLIB. H 定义了 NULL 常数，包含下面类型转换和存储区分配程序 atof、init_mempool、strtod、atoi、malloc、strtol、atol、rand、strtoul、calloc、realloc、free、strand 的原型和定义，其函数说明如表 B-4 所示。

表 B-4 STDLIB. H 库函数功能说明

库函数	功能说明
atof	将字符串转换成浮点数
free	释放一块被申请的内存
init_mempool	初始化内存池
atoi	将字符串转换成整数
atol	将字符串转换成长整数
strtod	将字符串转换成整数
strtoul	将字符串转换成无符号长整数
calloc	申请有 num 个元素的，每个元素大小为 len 的数组
malloc	申请一块大小为 size 的内存
realloc	重新申请一块大小为 size 的内存
rand	取一个 0～32767 之间的随机数
strand	根据种子 seed 的取值取随机数

5. STRING. . H

字符串函数 STRING. . H 包含文件也定义了 NULL 常数，STRING. H 文件包含字符串和缓冲区操作程序 memccpy、strchr、strncpy、memchr、strcmp、strpbrk、memcmp、 strcpy、strpos、memcpy、strcspn、strchr、memmove、strlen、strrpbrk、memset、strncat、strrpos、strcat、strncmp、strspn 原型，其函数说明如表 B-5 所示。

表 B-5 STRING.H 库函数功能说明

库函数	功 能 说 明
memccpy	该函数将从 src 开始的字节复制到 dest 所指向的位置
memchr	该函数将从 buf 开始，长度为 len 的字符串中查找字符 c
memset	该函数将长度为 len，起始地址为 buf 的所有内容写为 c
strchr	可重入，返回一个字符串中指定字符第一次出现的位置指针
strcmp	可重入，比较两个字符串
strncmp	比较两个字符串中指定数目的字符
strpbrk	在字符串中查找是否有字符数组 set 中的任何一个元素。返回值为所查字符的指针或 NULL
strcpy	可重入，复制一个字符串到另一个
strncpy	从一个字符串复制指定数目的字符到另一个字符串
strcspn	返回一个字符串中和第二个的任何字符匹配的第一个字符的指针
strlen	可重入，字符串长度
strcat	连接两个字符串
strncat	从一个字符串连接指定数目的字符到另一个字符串
strrpbrk	返回一个字符串中和第二个的任何字符匹配的最后一个字符的指针
strrpos	可重入，返回一个指定字符在一个字符串中最后出现的索引
strspn	返回一个字符串中和第二个字符串中任何字符不匹配的第一个字符索引
strstr	返回一个字符串中和另一个字符串一样的指针

参考文献

[1] 胡学海.单片机原理及应用系统设计.北京:电子工业出版社,2005.
[2] 求是科技.8051 系列单片机 C 程序设计完全手册.北京:人民邮电出版社,2006.
[3] 刘文涛. 单片机应用开发实例. 北京:清华大学出版社,2005.
[4] 赵亮,侯国锐. 单片机 C 语言编程与实例. 北京:人民邮电出版社,2004.
[5] 徐爱钧.单片机高级语言 C51 Windows 环境编程与应用.北京:电子工业出版社, 2001.
[6] 毋茂盛.单片机串行接口技术研究.河南师范大学学报,2000.
[7] 金永贤.单片机与 PC 机双向并行通信新方法研究.华东交通大学学报.2000.
[8] Keil Software - Cx51 编译器用户手册.